升職調薪不是夢，職場魯蛇發達啦！

要敢撕，才能活

邱文仁——著

時報出版

目錄 CONTENTS

Chapter 2

職場宮鬥 Part 2——你只能黑化嗎？同儕競爭該戰還是逃……

Chapter 3

職場宮鬥 Part 3——心理也要「做重訓」，面對侮辱 vs. 蔑視傷害

Chapter 4

轉職心法面面觀——體現「價值」與「關係」——職場中高齡者依舊有春天

【推薦序1】

在海洋的世界裡，我聽文仁姊說故事！

當晴朗無雲，海平面閃爍著波光粼粼，風平浪靜的海是極度美麗的！但是浩瀚的海底呢？卻有著順流、逆流的波濤洶湧，以及大魚吃小魚、小魚吃更小的魚的生態食物鏈，這樣的凶險如同我們的海海人生。

如果你聽過文仁姊敘述的海洋，她用她聰明的洞察力，以及她與生俱來的浪漫情懷，把每一個海洋生物都變成了職場的童話故事：尼莫的互利共生求生術、海蘋果的美麗與陷阱、與環境共舞的比目魚，這些比喻既可愛又實用，總讓你一聽就懂、一點就通！

迷惘嗎？那就去大海游泳吧！

因為我就是在海洋的世界裡認識文仁姊，而現在的我們，已經慢慢成為一條不僅長得漂亮，也活得漂亮的美人魚。

人生海海，願你我都悠游自在！

陳綺瑋 達客樂維他命有限公司執行長

【推薦序2】

唯有全力以赴，才能往前跨一步

文仁是作家中最懂職場的，也是職場專家中最會寫作的！她的新作品《要敢撕，才能活》，像是一本職場武功祕笈。

文仁在書中不單單幫大家列出了職場中常見的各種痛點，同時還提供了高效的解決方案……可以「馬上學」、「馬上練」、「馬上用」！

我常說在後疫情時代，唯有全力以赴，才有可能原地踏步……更遑論向前一步？！請不要錯過這本乾貨滿滿的職場寶典！

黃至堯博士 知名人力資源專家、影響力教育基金會執行長

【作者序】

傷口，就是那道光照進來的地方……

寫這本《要敢撕，才能活》，比前面出版的任何一本書，都花了更多的時間！經由一遍一遍一遍的修改，我心裡防衛的內殼隨著筆觸層層剝落，成為一篇一篇你我都熟悉的故事……並對你表露我二十年職場經驗，心底最大的反思。

前面出版的十幾本職場書籍，和最初三本充滿浪漫的圖文書，見證我年輕時代的熱血色彩的性格表述；而這本書，則是中年之後的我，描寫著把花樣年華時代結下的傷疤蛻變為盾牌，包覆著我繼續在職場前進的過程。

我一直是很熱血的人，現在亦如是，但多了一層冷靜……；我仍然選擇善良，但也會發怒！

其實二十年前的我，就已經不遵循傳統價值，曾兩度離開當時該行業最知名的領導品牌企業，並毅然投入當時還方興未艾的網路行業，擔任行銷企劃工作。當時的網路公司沒有太多前例可以學習，但年輕時的我就敢於接下大家都不願接下、沒有經驗的複雜工作，並在資源非常有限的情況，以創意方式完成任務……

這就是年輕！年輕時，就是可以以熱血及體力，來成就屬於自己的史詩！

不過，年輕時的我單純，十分專注於工作本身（不懂人情世故）。我不懂、甚至討厭著複雜的人性。這樣一來，只專心於成就「工作表現」的當下，對於人脈及心理資本的重要性……並沒有太上心！以至於，在長期全心全意的付出後，當公司已經轉換到下一個階段，或改朝換代時，也多次歷經莫名其妙的滅頂打擊。

談不上歷經腥風血雨，但絕對是走過狂風暴雨我體會到：

內心曾經包覆著忠誠的傳統價值觀的我，一直擁有濃厚的「好學生症候群」傾向，這種「老實及拼搏」的個性特質，是很顯而易見的……以至於，欣賞我的人會願意給我機會；而有心人士，則必然見獵心喜加以盤剝……此時，職場的收穫及進步則靠著我的運氣來決定！（這運氣則是看我遇到了好人還是壞人？）若我不懂得分辨真偽、適當對應及選擇對自己有利的方向，就不免花很多時間在沒有價值的地方，白白浪費資源及力氣與時間……並且，傷心又傷身！

於是中年後的我致力於心理學，有幾大體悟：

1. 職場上，仍然需要「忠誠度」，但忠誠的定義，必須進化。現在，我對企業的忠誠，是把當下的工作好好的完成；而對自己的忠誠，是有能力選擇能讓自己進步、發展的場域。

2. 職場上，與人相處比做事還難。選擇值得來往的人，並學會和與立場不一致的人周旋，是累積社會資本的必要努力。

3. 職場上的打擊所在多有，原因多半來自於資源競爭或是嫉妒、排擠。懂得面對危機與化解難題，是歷練及累積心理資本的過程。

4.遇到重大危機時，可「戰」，也可「逃」。不受傳統觀念「死磕到底」的道德綁架，以彈性身段及彈性思維，參考「變色龍」的作法，面對種種不可預測的挑戰。

5.要懂得保護自己，要敢撕，不怕事，能了事。

我把這些想法，寫成這本書。

很高興的是，本書的每一位受訪者、被描述者、及每一位掛名推薦人，都或多或少見證過我職場的尷尬時刻（或是，高光時刻，即使是中箭落馬那時？！）而您們看到這些卻仍然願意協助我完成這本書，這種情誼，讓我感到無比的溫暖。

傷口，是光照進來的地方。

希望讀者從這本書中能得到溫暖與勇氣，並且獲得在職場上繼續拚搏與獲勝的金絲軟甲、美麗寶劍。

邱文仁

寫在書前

讓人「上班如上墳」──
細數職場五大痛點

我在人力銀行工作十餘年，寫了十幾本職場書，但也離開這個行業一段時間。

二〇一三年，我到了對岸經歷了狼性的職場，那種直接而現實的環境，讓我開了眼界。也是因為每天「直接而現實」的挑戰，讓我開始思考，我在職場的「應對姿勢」，以及我所珍惜的「個人品牌形象」，是否需要調整？

也是一種機緣，自我回台後，還是有為數不少的單位，持續邀我分享職場議題。我也持續在學校教導「求職技術」……雖然我早就不在人力銀行工作，但還是被我沒有間斷的斜槓邀約，一直被推著必須繼續研究職場。而這幾年我的「演講內容」持續迭代，更新速度越來越快！我想，其原因是我經歷過狼性職場文化，又在中年後進入清華大學心理諮商研究所所致！

對職場的想法改變，到底是個人經驗、心理學習、還是大環境推波助燃？

我認為都有。

二〇二〇年初疫情爆發，一直到二〇二二年疫情仍然無法消弭……，外在大環境的不安，讓職場的詭譎多變更加劇了。很多人留言告訴我，現在，工作環境壓力很大，心理非常不安。他們說：相較於以前的每個時刻，二〇二〇年後，工作場所更加令人痛苦了！

相信我，你並不孤單……

大環境不好，工作條件一定會改變，人與人之間的競爭態勢肯定是加劇的。此時，職場裡的競爭、壓力、或是人與人之間的詭詐，互相傷害……一定會越來越多！如果你一直信奉儒家思想中的「溫良恭儉讓」，或是，你不願意打破「思維的牆」，還是固守著過去你所習慣的職場邏輯行事，你的人生肯定過得越發艱難！而社會關係中，最最現實的「職場關係」，如果無法處理其「壞」，但又脫離不了……這時就會變成你難以言狀的痛！

尤其是有「好學生症候群」的你，總是遵循著之前師長灌輸你的美德、以上一代的邏輯行事，我有把握，你一定會「活得比其他人更加痛苦！」

於是我起心動念，寫了這本書。首先，我想先分析那些曾對我訴說，表示自己每天「上班猶如在上墳」的職場五大痛點：

痛點 1

選錯行了嗎？

我想說，「選錯行」不是你的錯，當然也不是任何其他人的錯。

疫情期間有多少種「人與人接觸的工作」必須改變？很多原本人在做的事情，必須被機器取代；很多原本欣欣向榮的行業，被迫停業數個月！甚至許多公司、百年老店因為撐不下去倒閉、關門；有些老闆也因此裁撤許多員工，即便你已經做了幾十年準備在那裡退休！但是，在一片哀鴻遍野中，也有領四十個月年終獎金的企業。

台股也不斷創新高！

這時，你大嘆自己「選錯行」！選錯行了你很難過！因為你認真讀書，依循了主流價值選擇職業，你奮力進入了知名好公司……你努力認真，有忠誠度，前面十幾年發展也不錯，怎麼可能一夕之間風雲變色？

你怪東怪西、怪自己……

但是，到底有誰可以精準預測疫情來的這麼快，且時間拖得那麼長？傷害這麼大？

二〇二〇～二〇二二年這段時間，很多工作消失了，卻也有許多工作興起了！關於這些，我在上一本書《拒當AI時代的局外人》曾經參考了許多國外有識之士的說法、及國內外職業變化軌跡來預言……，沒想到，疫情大大加快了台灣職場變化的腳步！變化這麼快發生？

也是我始料未及的事情。

這種「沒辦法早知道」的痛苦，不是你自己造成的，當然，也不是別人造成的。大環境變了，你能抗拒嗎？

若你無法面對大環境改變，認清事實而做出心態調整，其結果是無路可走。這時候，我想，**讓人最痛苦的事情並非「上班如上墳」；而是你根本「無班可上」**。

痛點 2

我想換工作，怎麼辦？

「想換工作不可得」，應該也是現在很多人的痛苦。

大環境讓很多工作消失了，但市場新興的行業，新興的職缺，可能你根本不認識，或是沒能力轉換。就像我在人力銀行工作了十幾年，我必須講，人力銀行雖然可以協助許多求職者轉業，但它僅是一個媒合工作的平台。

求職者到了一定年齡，當企業極少或是沒有釋出中年以上工作機會時，人力銀行能做的就非常有限。若你想轉業，你必須知道市場上有哪些工作？

然後，盤點自己擁有的能力，可以運用在哪些工作上面。想轉業必須要讓自己的能見度提高，並且對應到適合的地方。這時候，牽涉到你是否有包括使用新技術的工作能力？還有，你的心理素質是否堅強等。心理素質不夠的人，感覺沒路走，就可能被憂鬱及焦慮壓垮了。

我身邊就有許多這種人……

有人問我：「如果在一定年齡後，『人力銀行』的服務已經不能滿足需求，那還有甚麼其他方法？」

我的答案是，你的人脈關係，但這必須早一點開始經營。

還有，何種人脈，才是值得經營的？

他，是敵是友？值得我們研究。

痛點3

老闆，你讓我的日子總是很難過……

根據多次人力銀行的調查：員工「離職原因」的排行榜第一名，答案就是「上司」。

這不奇怪，因為「上司」，是你職場的「關鍵人物」。我認為每個職場中人，都得注意職場的「進步」及「收穫」。我所謂的「進步」，就是指一個人在職場的「發展空間」；而「收穫」，指的是晉升的職位（這代表影響力及權力空間）和實際的薪資報酬和福利等等。而在職場上能夠提供「發展空間」和「實質收穫」的，往往就是你的上司；能夠剝奪這些的也是他。所以，因為不滿上司而離職的情況，當然很多。

而以下這兩種情況也很常發生：

像是，你的上司在組織裡根本不紅，他毫無能力幫助你進步、擴大收益。甚至他還會把你當成潛在的競爭對手，打壓欺負你都來不及……

這時，所謂「上司」，他還是你的職場「關鍵人物」嗎？

如果不是，那你還在執著甚麼？忠心甚麼呢？

「愚忠」不可取。此時，職場上「忠誠度的定義」，必須改寫。

又或是，

你的上司過去曾經對你很好，但是他因為某種原因，不再對你這麼好了。甚至連他決定離職時，也從未考慮（或無法）帶上你！

這時，你對你所信任的「關鍵人物—上司」哭喊：「我對您忠心耿耿，跟隨已久……您，怎麼捨得我難過？」

很抱歉，你這樣想，是完全沒有任何幫助的！因為，上司和部屬的關係，原本就是「動態」的。現在這種大環境尤其如此。所以請記得，**善用「釣魚策略」，讓老闆珍惜你**。

痛點4

總是被忽視、排擠？我該不該離開？

職場上，遭受「霸凌、排擠」的狀況實在太多，而且有時是隱形的，你可能無法察覺誰是主導者。其實，「霸凌」也不一定來自於上級；「排擠」，也不一定來自於同儕。

職場上最常見的是「成就忌妒」甚至「性忌妒」；這時候你再光明正大、認真努力，也無法改變對方對你的不良情緒！對方有時候只是因為他的不良情緒而對你霸凌排擠；也可能因為強烈的競爭意識；甚至是因為你沒有看見的潛在利益衝突……，也可能就藉此以霸凌、排擠、否定你的人格，傷害並剝奪你的職位或是你手中資源！

遇到這些痛苦，人們自然的反應是「戰」或「逃」！

有些人會被激怒所以不戰而走，覺得「大不了重新來過」，輕易放棄手中資源，這樣做實在很傻，但我也曾多次有過這種反應……！而有些人覺得「逃避可恥」或評估自己已投入過多成本，所以一直戀棧其位，反而身陷泥淖。

這時候，我想到日劇「月薪嬌妻」的原名「逃避雖然可恥但是有用」中聯想到另外一個角度：「如果你能勇敢放棄已經沒價值的那些，生活自會獎賞你另一個開始。」

是「戰」還是「逃」？容我建議你何不學學兵書所說的，**先冷靜，待看清局勢後再決定你的身段、姿勢！**

痛點 5

勾心鬥角、同事間的競爭手段太骯髒……

工作變化，工作者激烈競爭，「終身雇用」已經不可得。以前企業雇主所期待的員工「忠誠度」，也已經從希望員工「長久替組織效忠」，變成雇主希望員工「在組織需要你的時候盡全力付出，當你價值降低就必須走」的無情現實。

工作激烈競爭之下，有人一輩子兢兢業業也無法保住工作；於是同事之間奧步盡出，只為了謀求組織中的一席之地。即便一起創業合作的舊夥伴，或是曾有長久合作關係的人，在生存競爭或是利益衝突下，小動作特別多，欺騙、謠言、陷害所在多有。

我相信疫情開始後的這兩年，周遭的不友善對待或是詭詐艱險，你一定經歷的更多！

這時，如果你看不懂這些詭詐，並提出相應對策，你可能就會「中箭落馬」且活活挨打無計可施！如果不能看清楚並克服這五大痛點，就算你擅於「求職面試」，也無法有一個比較美好的未來！

最後我想說：

值此不安時代，職場上會遇到的痛苦很多，但若你還在路上，那你就是贏家！

吃瓜看戲去

幻滅是成長的開始……

直視職場痛苦並積極調整身段，你將可迎接新的未來！
在職場，你不會白白受苦。

Chapter 1

職場宮鬥 Part❶

做好向上管理，一切風調雨順

1.1 忠心表錯情？來自主管的報復降職

赤膽忠心記得要用對地方！
學著為自己創造自己更多機會，老闆反而會更愛你……

綺綺來自小康家庭，花蓮人，大學行銷系畢業以後，進入知名旅遊集團，從飯店櫃台做起。

飯店櫃檯是第一線服務人員，在五星級飯店櫃台，考驗的是外表、談吐、服務心和應變能力。而這些，初入社會前五年，綺綺都做到了……

與人為善的她，之後轉調企劃部，因為是從第一線做起，綺綺很了解飯店和樂園的經營細節、優點和缺點。而在大學行銷系的訓練，再加上對產品的掌握，她規劃了多起結合飯店和樂園的行銷企劃案，大受好評，替集團爭取了許多業績。

即使程度好、能力好、與人為善，但還是不免碰到嚴重打擊！

初入社會前五年一直受到主管賞識，到了第五年換了新主管，綺綺開始遇到截然不同的挑戰。

她對我笑著說道：「雖然被推下懸崖，卻因此學會飛翔！」十五年後的現在，她在台北開了一家行銷公司，幫很多企業做品牌行銷，近兩年也自創品牌，生意做得有聲有色！

＊　＊　＊　＊　＊　＊　＊　＊

在聊起職場的種種挑戰時，她跟我分享了當年在大集團被降職的經過！

她說：「進去公司第五年，我竟然從『七職等』降到『三職等』，而且薪水直接砍一半！

她感嘆說：「我沒做錯甚麼，薪水卻直接砍半，那對當時的我來說，是非常非常嚴重的事情啊！」

主管報復降職，薪水砍一半

在大型旅遊集團工作五年餘，從飯店櫃台做起，然後到了企劃部，因為屢創佳績，綺綺快滿三十歲時，終於當上集團大型渡假村的企劃主管。

滿腦子都是企劃點子、執行力超強的她，原本工作蠻開心，每每看到替公司規劃的案子做出好成績，綺綺覺得很有成就感。不過這一切就在上司換成常駐台北的李副總後，全部變了樣……

從彙報給李副總開始，綺綺就很少能參與企劃案了。她變成像李副總駐花蓮的小助理，做的是行政工作，工作內容從企劃和在現場執行，變成長時間在幫李副總製作各種報表、美化投影片，開會時，坐在李副總後面等著被詢問……，這種行政秘書、助理角色雖也不是做不來，但外向活潑的她，實在不適合行政工作。

而且，李副總要她製作的報表既多且複雜，讓她開始覺得這份工作很無聊。

嚴格來看，自從直屬上司換成李副總後，一年下來，因為工作內容的不適合，她從很有成就感的企畫人員，變成既累又煩的行政助理。她暗暗思量，若是這樣下去，她的行銷企劃能力不只無法增加，反而會越來越跟不上外界的變化，這樣就變成浪費時間了！

她心裡很不安……

錯失大好機會，職場際遇差很大

本來，這種局面是有轉機的，不過「轉機」也是披著一層紗，綺綺當下沒有馬上接住。

而我所謂的「轉機」是來自旅遊集團的老董（綺綺的前主管），他覺得綺綺原本活潑又有產值，卻因為李副總的到來，逐漸變成沒有發揮空間、整天坐在辦公室做報表的行政助理，老董（前主管）覺得將她放在這個行政工作上實在可惜。於是，集團老董乾脆「跳過李副總」，直接找綺綺談，希望將她拔擢起來，再上一階成為企劃襄理。

綺綺那時因為年輕，沒想很多，怕老董這麼直接的「跨階層升遷」會讓直屬主管李副總不高興！

那她以後的日子豈不是更難過……

綺綺越想越擔心！

於是，她也「沒多考慮」，就先婉拒老董的好意，讓老董覺得碰了一鼻子灰……她甚至為了表達自己對直屬主管（李副總）的忠心，特地打了一通電話跟主管報告老董想要破格升她擔任襄理一職的事情（但也說明自己已婉拒）。同時，綺綺更向李副總表明想要轉調也在李副總麾下的「業務部」，希望自己在行銷企劃能力之外，可以再磨練一下業務技能。

而業務部也是李副總的職掌，部門其實也缺人。「這樣李副總應該知道我的忠心耿耿了吧！」她心想。而沒想到的是，長期倚賴綺綺做各種報表，卻又把她當行政助理般使用一年的李副總，竟然一口答應了！只不過，讓綺綺非常傻眼的是，李副總雖然答應，卻不留情面地說：「如果妳要離開企劃部到業務部，那就從七職等降到三職等，從業務專員做起……」

在集團裡，從七職等降到三職等，其實是很大的降級，甚至連底薪都會直接砍半。

綺綺發現，從她打這通「表忠心」的電話起，李副總對她的態度馬上從「對待助理」變成像「對待敵人」……

當時的她，感覺很受傷。

她回憶說：「我因為和副總的關係，沒有接受高層主管給我的升遷。」當時，跟我很熟的人事主管還特別把我叫去，直接跟我說：「如果你不接受這個職位，你自己願意調動業務部，副總指示，那妳就變成三職等。你原本是七職等的主管，降低到初階的業務專員，這樣子的條件，妳還要調嗎？」

一個三職等的業務員工，月薪是二萬六千元～二萬八千元，綺綺已在這個集團做了五年多，如果此時決定調轉業務部，結果就像剛入職的新人，必須得從底層兩萬多的薪水重新做起！

那是一個非常嚴重的打擊啊！

此時她終於了解，自己被李副總重重打了一拳……

但她也算硬脾氣，就算是薪水損失一半，降到三職等，她也不回去跟李副總低頭，她還是決定要調到業務部，繼續努力。

輸了面子，失了裡子？

話說，李副總是否打壓綺綺？

這是有可能的。

李副總一方面不滿意自己的老闆想要破格升遷綺綺，這讓他心生不安！另一方面，原本需要綺綺製作的表格、投影片……以後沒人做了，這對李副總也是一樁麻煩事。而這時，如果綺綺想要調職，那我就乾脆給她一點顏色瞧瞧……

這的確是主管的報復、打壓。

是真實可能發生的。

綺綺後來回憶整件事，覺得自己當時太年輕，若她成熟一點，想法更周全些，其實是可以研究一下，如何周全整件事。例如一方面接受老董的升遷，一方面讓老董給個「表面上的漂亮說法」，讓李副總願意接受這個職務調動。可是，年輕的綺綺若只關注越級調動會讓李副總心生不滿，馬上拒絕老董的好意，原本以為會有好結果，但結果竟是在向主管輸誠後，馬上遭受打壓及報復……

在擺脫「行政命運」的這一場小戰役上，綺綺算是輸了。結局是，綺綺薪水被降一半，從七職等降到三職等，一直在企業備受矚目與期待的她，既輸了面子，也輸了裡子。

職場貴人出現，及時救援

但老天不負苦心人，也是因為當時有點交情的業務部主管安慰她：「你就調過來我的部門，三職等是內部的事情……沒有人曉得妳其實被降職……」

但是，新主管表明：「妳只有三個月證明自己喔！我希望三個月內妳就要達標。而且，業務部的達標率，必須是百分之百！」這是綺綺在職業上的第一次大轉折。當時的她，因為受到上司的打壓，降職減薪感覺很受傷！這是因為她對副總有職場倫理上的考量，所以沒有接受更上層（老董）的提拔。而副總知道後，卻把她視為敵人直接狠狠打壓。

事隔多年，綺綺談起這件事，已然釋懷！她笑笑地表示：「年輕時總是比較硬脾氣，但歷練久了，如今回想起來，自己也覺得這當中應該還有很多轉折空間，若可靜下心來想清楚，脾氣也別那麼硬，結果或許會更好一點！」

我的「忠心」只有你看得見？？？

利害關係要先看懂再向主管表達忠誠，切勿因小失大，忠心表錯情……

1.2

要能撕，才能活，如何證明自己的清白？

「我全心投入工作，你為何始終看不到，
總是讓我日子很難過？」
如何釐清並珍惜權力的分配、規則，
你的小日子才能過得順當……

M在一間公司工作了十一年，認真工作、辛勤努力，公司也在大家的努力下，由十幾人的小公司變成數百人的上市公司。她把同事當戰友，把上司當伯樂，把這個公司品牌當成自己人生的亮點及歸屬。

十幾年來一直單身的她，曾經笑稱：「我工作起來像是談戀愛般全心投入！」

「工作如同戀愛般全心投入？」一般人會覺得這怎麼可能？但這確實就是事實。

M二十幾歲就離婚了，前夫是個渣男，所以她覺得好好工作比較實在，這樣想有助於忘記感情的煩惱。

長久以來，除了公司同事及協力廠商之外，她似乎也沒有太多其他的人際互動。工作十幾年後的農曆年前某一天，老闆找她談話，她本來開心赴約，心想：「我今年工作又達標，而且超過目標很多，老闆是不是終於要升遷我了？」沒想到，老闆表示，聽到其他同事的讒言，認為她「都在做自己的事」，在她面前數落了好幾樁大罪狀！但這一切完全是無的放矢！而且，老闆對她的不信任態度，嚴重的傷害到她！

她實在太……太……太生氣了！

她心想：「我十多年來是如何替這個公司付出的？這麼多年老闆你看不見嗎？怎麼可以這樣冤枉我！」而因為跟預期的會談結果差太多了，她腦門一炸，簡直氣昏了！

於是第二天，她憤怒丟了辭呈在老闆桌上，就連年終獎金都不要了！

萬萬沒想到，老闆馬上送人事單位了。

老闆只消三言兩語，就輕易地讓她放棄了努力十幾年的工作，然後，背後造謠者則是歡天喜地地接下她行銷總監的職位！

* * * * * * *

外人看到這個情節，肯定只覺得這個人也太蠢了吧！怎麼幾句話就這麼輕易炸鍋了？甚至連年終獎金都不要就提辭呈？莫非心裡有鬼？

她「這麼容易放棄」也「懶得為自己辯白」的後果，就是不但將大好職位拱手讓人，更沒拿到資遣費，也讓攻擊她的謠言，不斷延燒！

一個工作十幾年，已經是高階主管的她，怎麼會如此不理性？一定是……於是傳言不斷，各種可笑的、傷害性的、顛倒是非的網路霸凌，紛至沓來！

氣憤的她，因此爆瘦五公斤，甚至氣到差點跳樓！

孰不知，她根本中計了！

但這不是職場上很罕見的狀態！

我發現，長久在一個公司努力的大齡單身（特別是女性），反而很容易放棄手邊努力已久的資源。一方面是被自己長久信任的人所激怒的心傷；一方面是單身養活自己比較容易，所以嚥不下一口氣就可能拂袖而去。再來就是沒跟其他可信賴的人商量、討論這件事，因此看事情的視角單一，以至於容易中計等等。

在此，我提出一個叫做「好學生症候群」的看法……

好學生症候群——玻璃心碎滿地……

「**好學生症候群**」就是一直名列前茅的人，已經習慣被老師（權威人士）認同、誇獎，而過往的好成績也讓他們認定自己很棒、很優秀、很正直……，於是，一旦被批評或不當對待時，若因那個批評不合理、令人生氣，通常就會氣急敗壞地急於證明「我不是你說的那樣……」。

因為太生氣、太不習慣了，頭腦就不清楚了！

這不是少見的情況喔！

而且，因為執著於自己一直投入的事情，平常沒有跟其他人多聊，缺乏「多元視角」，以至於「被自己信任的關鍵人物」所誤會，就會做出不理性的行為！

慢慢地你會發現，「好學生症候群」這個毛病，真的會給你帶來不少麻煩！

這種思維習慣，真得必須改！

我在疫情期間狂追劇，看了一部名為「以家人之名」的好劇，發現劇中「賀梅」這個美麗好強的女性，也有這種「好學生症候群」的傾向。

劇中，賀梅是一個美麗且工作能力好，在那個農村裡，她是一名出類拔萃，各方面都不服輸的女人。但命運多舛的她，丈夫移情別戀，她被迫帶著拖油瓶（子秋）跟鰥夫海潮爸爸相親，後來，她跟海潮爸爸借了一筆錢後，甚至把兒子丟給海潮，自己便遠走高飛，沒消沒息了……

但是，好心腸的海潮爸爸，依舊把子秋拉拔長大。

二十年後，賀梅忽然回來，她創業成功，償還了海潮當年借她的錢。不過她竟表示不要兒子，一副「我當初既然拋下你，如今就不打算要了……」此舉讓長大後的子秋非常難過。觀眾們也因為賀梅這種冷淡不說明的態度，各個均覺得她實在「太討厭了！」

而直到最後，劇情出現大反轉！

原來賀梅是最講義氣、最不貪心的性烈女子。

她跟海潮借錢後，為了養小孩，跑到深圳打工，但長得太美，被人冤枉狐狸精；又為了保護同事過失殺人，她覺得自己一定會拖累孩子，於是乾脆自己吞下苦果，甚麼都不解釋。甚至二十年後，成功返鄉，她也不想讓海潮爸爸覺得，她這次回來只想撿現成（賀梅內心有一個「清白無辜」的自我形象！）

這位女性自尊心超強，覺得自己一定會被大家冤枉、被大家嫌棄……，所以，即使自己沒錯，卻選擇裝出冷漠高傲的模樣來掩飾自己的脆弱。她不願意解釋自己的失蹤多年的理由，其實是自己「性格執拗」的表現。

念心理學前的我，也很重視自己「清白無辜」的形象，總覺得自己就是「好學生」，這麼努力、付出一切，所以大家都應該認同我、了解我，我絲毫不想解釋甚麼。而說好聽一些，這根本就是高自尊，但有時候，反而會變成一種弱點。

M這類人的心裡總會覺得「我最有信用」、「我最努力」、「我不在乎你的」、「我一毛錢都不要」、「這個話我說不來」。而賀梅的邏輯是「子秋給海潮了，以後就是他的兒子，我不能說話不算話。」雖說自有她們的邏輯在，但這種脾氣在現實生活中並不招人待見，遑論賀梅也因此傷害了子秋！

臣妾此生從此分明了……我好無辜啊

分析一下，總覺得自己「清白無辜」的人，通常有以下幾種毛病：

1.一旦感覺「被冤枉」就氣得半死，只顧衝動丟掉手邊的資源，以示清白與高尚！

通常習慣說「啊……我就甚麼都不要了」的人，通常不了解自己這時已著了有心人士的道！

這是因為「弱點太明顯」，自然容易中計！

因為那些抓住這種個性弱點（堅持自己的清白無辜和正義的硬脾氣）的人，碰到對手（通常是利益上的競爭者）時，慣用的招式就是冤枉你、激怒你、氣死你……然後讓你自動繳械，或是輕易放棄有價值的東西，這時他們就可以輕易接收江山，坐收漁翁之利。

很多時候，你就真的因此鬱結，氣死了。

這時，老闆省下一筆資遣費，對手更直接接收你的職位……

嚴格說來，你的忠心耿耿，反而變成自己最大的弱點！

2.總覺得自己「清白無辜」的人，根本不了解世界的複雜性。因為不了解世界是那麼多角度地在評價事情，所以比較容易覺得這世上「大部分事情都不如意」，此時，看其他人都是「貪心、無恥、很壞」，認為自己才是正義的一方。

這可是「從自己的角度來看事情」，別人並不一定認同。

這種人經常糾結於不欣賞其他人的行為，每天都氣噗噗的，人際關係一定不好。而且他們更可能「心裡既羨慕他人，又苦無對策去獲得想要的」於是，累積的負能量愈來愈多，一旦負能量累積到一定程度，情緒一經激化就可能失控爆炸。畢竟心裡的負能量多，言行舉止往往就會扭曲，反讓身邊親友對你敬而遠之。

3.「包辦型」人格。這種「清白無辜」類型的人，其實很令人害怕。因為他們喜歡包辦一切事情，會覺得自己「付出最多」，人人都得對我表達感謝！

但別人其實也不一定喜歡你的包山包海……

我身邊有一個長輩就是這樣！

她會明擺著「我很好、我很有用」這種「厲害聰明」的人設，而把「你很笨、你很弱」的情緒投射到他人身上！但我想她應該不是故意的，只是跟她在一起就是必須忍受，聽她一直炫耀自己有多能幹！

寫到這邊，我忽然想起，自己在美國住院七天時，虛弱地躺在床上，默默希望這位能幹長輩「快點離開病房好讓我安靜睡覺」的那個片段？

原來我就是一直不喜歡她的這種「包辦事情」的強勢作風。她一定要我接受她的照顧，反而我覺得很累很吵。

哈哈，好像岔題了，容我們再回到這齣自己很喜歡的「以家人之名」……

最後兩集，賀梅最終是改變了。

面對情敵的冷嘲熱諷，她終於大方地牽起海潮的手，說道：「妳貪圖他人好，他貪圖我漂亮……」（隱台詞是～誰又比誰正義呢？）

她終於放下清白無辜的自戀感，這樣坦白地捍衛自己，凸顯自身優勢，合理表達愛與恨的賀梅，真是特別帥氣也得來幸福！所以，**突破自己設下的心理陷阱，冷靜且勇敢捍衛自己**，是有「好學生症候群」傾向的人，值得趕緊學習的事情。

好學生症候群

名列前茅的人，習慣被認同、誇獎，一旦遭遇批評或不當對待，往往就會大力反擊，甚至氣急敗壞地想解釋或證明「自己不是大家所說的那樣……」。

因為太生氣、太不習慣了，頭腦就不清楚了！

這種毛病絕對會給你帶來不少麻煩，若發現自己有這種習慣或想法，真的要改……！

1.3 主管耍賤招、給贓活兒……，不想替老闆擋子彈，怎麼辦？

上司總是習慣爭功諉過，怎麼辦？
嚴格說起來，上司甩鍋給下屬的事情，可多囉！

陳先生，三十六歲，在前一家公司做了好幾年，中年轉職時，面試幾家科技公司，都被錄取了。

最後，陳先生選了一家規模最大，名氣最響亮的公司，進入業務部工作。這一次，他的主管是個強勢的女業務副總A。她在這個公司很久，業績一直領先，最近才升遷到管理職。A一到職便馬上找新人業務，想要向上證明自己業務能力不變，又能帶領團隊。

但事實是，業務能力好，卻未必能帶人。

況且才到職三個月，其實也還無法證明甚麼！

陳先生到職不到三個月，已經開發了某些業務案，並且正在進行中。但某日，A業務副總就寫了一張「不適任表」，要陳先生承認自己工作不力、無法融入團隊等等，要陳先生自請離職。看到整張不適任表內有幾十條錯處和罪狀……，還要交出已經開發到一半的客戶，陳先生覺得受辱且不服！而且，自請離職是沒有資遣費的（雖然到職未滿三個月，資遣費也不多）。

更嘔的是，當初離開前東家進行面試，被好幾家公司錄取，陳先生從中選了最大的一家，沒想到卻碰到最大的打擊！

他問我：「我每天去上班好難受！有一些項目也已經進行到一半，也有機會成交！我真要憤而離去，把以往的努力拱手讓人嗎？」

＊　＊　＊　＊　＊　＊　＊　＊

業務副總未必是想要替公司省下這一點資遣費，而是背後有著陳先生不知道的盤算……

她有可能是想安插「自己的人馬」在這個職位？

可能因為某種原因，看陳先生不順眼……

她可能不想承認自己選錯人，這樣一來，豈非讓上層質疑她的管理能力？

她可能想要拿走陳先生的客戶？

上述種種原因……具體為何，我們不清楚！

但我建議，陳先生絕對不能簽下這個「不適任表」並自行離職。因為這不只是拿不到資遣費，也為日後的下一份工作，埋下隱患。

我建議他：

一方面開始暗中找工作（未必要把這三個月放進履歷表），另外，也準備好這三個月進行的工作內容和成績，且要「書面化」為佳。或許也可以諮詢人資部門，是否可以轉調其他部門？

我建議陳先生開始暗中找工作的原因是，這位業務副總看來就是想跟他撕破臉，兩人的合作關係已難修復，這時，陳先生勉強待下來根本沒有好處。只不過，找工作也是需要一點時間的，總而言之，**給自己更多的選擇機會，總是沒有壞處**。

盡快準備好這三個月進行的工作內容和成績，並且要「書面化」，此舉既可在副總要陳先生填不適任表自請離職時，要求對方提出說明（這是保護自己的武器）。日後等到人力資源部門必須介入時，陳先生也可再度以書面資料，澄清自己這三個月所進行的工作內容和成績，這時候，人力資源部門就有可能予以協助，看看企業內部有沒有其他轉調機會？若是沒有，勢必也得依照規定，給予賠償……

而這個時間的餘裕，就是陳先生可以另外找工作的時機點。

業務副總沒想到，看起來好欺負的陳先生會這麼做！

她在跟大老闆第一次開會時，把一些錯誤和沒達成，甩鍋給陳先生。此時，溫文爾雅的陳先生拿出準備好的書面資料，順便表示：「關於這點，我想提出一些說明……」並把書面資料給了大老闆……

業務副總不知道那個資料是甚麼？嚇得臉都綠了！

而大老闆其實看了資料也沒說甚麼？

陳先生自知即便如此，自己未來也很難在業務副總底下存活，他選擇保護自己，不背黑鍋。

會議後，其他部門的同事私下過來示好，甚至表示：「要不要考慮來我們這邊？我們也很缺人……」

話說至此請記住：要能撕，才能活！

吃瓜看戲去

要能撕，才能活！

主管爭功諉過，切勿躲著不出聲！需知凡事總有個是非曲直，立場可以變，但對錯不容拗！

1.4 強凌弱，眾暴寡，大家為何總要針對我？

同儕間的爭鬥，職場強凌弱的修羅場，
這正是彰顯人性暗黑面的最佳舞台！

立婷，四十歲，現在是緝毒察私的公務員，形象就像是港劇看到的那種正義又神氣的女警官。看她現在的專業幹練，你很難想像，二十幾歲時，她曾經是職場霸凌的受害者。

青少年時期的立婷，家道中落，爸媽欠債跑路了，她靠自己半工半讀念完商職美工科。當時家裡沒有其他大人，她還要照顧生病的妹妹。商職畢業後，進入了前景看好的網路公司，擔任網頁設計師。因為學歷不高，薪水雖一般，但足以養家糊口。好強的她又進入夜間部大學念書，希望提升自己的學歷，讓自己薪水能夠提高。

網路公司設計部部門十幾人裡，立婷的資歷是最菜的，但她非常努力工作，好幾次擔下了沒人想做的工作。

當時公司有個新的企劃案，那個專案工作量真的不是普通大，於是設計部經理阿勇，想要藉此跟老闆要些資源人馬，但老闆不給。於是立婷的小主管琳達被老闆找去，琳達因此咬牙扛下了這份繁重的工作，也因此，立婷作品屢屢被老闆讚賞，這個小組在公司算是挺露臉的。

沒想到，這個努力工作的事實，卻讓立婷和琳達被阿勇經理討厭和排擠。在一次座位調動中，立婷被調動到「路衝」的位置，位置非常不合理且容易被打擾！立婷不經意地跟行銷部的專案經理表達質疑，沒想到因此傳到了樓上的管理部……，於是管理部經理下樓，發現這個滑稽奇怪的座位布局後，很生氣！

他規定設計部的座位必須重新調整……

此時，給了阿勇經理一個排擠、攻擊琳達與立婷的口實！凶狠的阿勇，馬上召集了批鬥大會！

阿勇當著十幾位設計部人員表示，他要「嚴查」是誰去告密，「害」大家要重新排座位？「害」大家浪費大半天時間無法工作！這個可惡的抓耙仔的人，必須「限時」出來承認，並向大家慎重道歉！

阿勇的跟班也出來呼應，表示如果沒有人出來承認，最後一定會查出來，然後用「連坐法」讓其他同事和她的主管都受到「連坐處罰！」

初入社會又很缺錢的立婷，面對這種壓力感覺好害怕！當時的她，不但要養家，還要繳大學學費……她更怕的是因為她的反應，害到琳達主管和平時幫助過她的人……

於是，她滿心委屈地出來道歉，向十幾位同事一一鞠躬，只差沒有下跪了！而同事中也有各種反應，有人趁機羞辱她幾句，有人則是嚇得一動也不敢動！

＊　＊　＊　＊　＊　＊　＊　＊　＊

潛在的競爭對手，讓人坐立難安

離開該公司多年後，立婷如今已拿到犯罪學碩士，也順利通過高考。成為法律專家的她，如今跟我談起這件事，眼神中甚至還會露出一絲絲憤怒與受傷呢！

原本只是拿著最低工資，卻扛下專案做其他人不願做的苦差事，為什麼還被經理修理侮辱，被同事傷害排擠？立婷回憶當時的情境：「當時年紀小，而且很缺錢，所以願意擔下『沒人要做的專案』，哪知卻慘遭排擠！」雖然，她當時被迫跟大家道歉，感覺很羞辱又無理，但因為太害怕失去這份工作，所以無可奈何。而且她也害怕拖累對她很好的琳達……只是，大家為什麼要這樣！

為什麼呢？

其實部門主管阿勇本想藉此機會，向老闆多要一些資源和人力，壯大聲勢和提升自己的重要性，沒想到老闆找了「潛在的競爭對手」琳達來接手這個工作。而琳達雖是受老闆之託，臨危受命扛下這個艱難的任務，但若沒有立婷這個能幹的幫手，她也無法完成任務。所以，阿勇必須想辦法拔掉琳達旗下「看起來很好欺負」的弱質女立婷，這肯定是「殲滅競爭對手琳達」最簡單的辦法。

從老闆的視角來想，這個專案對公司事關重大，而老闆又不願意馬上投入更多的資源和人力，既然如此，看看哪個人可以接下來？若因此可以完成專案，老闆就賺到了！所以，鬥爭的源頭應該是設計部小主管之間的「權力鬥爭」。

既然是欣欣向榮的網路公司，阿勇經理抓住老闆重視的大案子，想藉此跟老闆談條件，以此爭取自己的地位與權力。而老闆並不想在沒看到任何成果前就承諾，於是，他找上琳達。而琳達的兩人小組也很爭氣地接下任務，這不但干擾了阿勇的計畫，也清楚顯示出他的無能……

那阿勇為什麼拿薪水最低又最有產值的立婷開刀？

選擇針對立婷來下手，原因是她「看起來最弱小」。在任何地方，最弱小的人通常最容易被先拿來開刀，就像「不鎖門的房子最容易被偷」一樣。

而在這種鬥爭衝突之下，為什麼沒有部門同事會幫助立婷？

這是很明顯的。

職場中，每個人都有自己的考量。設計部同仁們忌憚部門主管阿勇的權力。所以，即使平日跟立婷相處融洽的設計部同事，也不容易為了相幫立婷而出頭聲援，為自己招惹麻煩。所以即使有人同情立婷，但在面對阿勇的刻意傷害時，大家也只能選擇沉默……更何況，立婷的才能及努力也可能讓同儕妒忌。這時，同儕保持中立，不落井下石就不錯了，選擇挺身而出的可能性，實在不大。

雖然感覺十分屈辱，但立婷當時選擇道歉，這可視為「一時的權宜之計」！阿勇就是希望立婷受不了欺辱霸凌，憤而離職，這時，阿勇心中的潛在對手琳達會因無法完成工作或無領導能力，或是累死……

阿勇這時就可以輕易幹掉競爭對手。

此外，立婷遇到這種無理情勢，很委屈地跟大家道歉，但這個道歉可以只是表面功夫，之後再想想怎麼處理阿勇的蠻橫無理，晚一點替自己伸張正義，也是一種權宜之計。

一般來說，除非老闆覺得這跟他的專案成敗有關，不會處理這麼低階的事情。老闆最看重的是「誰能幫我完成任務？」一般來說，低職位的人事糾紛，並不在老闆的考慮之內，所以，除非他意識到立婷的重要性，否則他不可能插手管這種人事糾紛。

而可以凸顯立婷的重要性的人，除了小主管琳達之外，還有誰呢？

答案是，負責整個專案的專案經理……

如果專案經理去跟老闆表明立婷在這個案子的重要性，這整個局勢就會翻轉了！

欺凌者 vs. 被欺凌者

在職場中，關於「霸凌欺侮」，時有所聞……

所以，很重要的是：**不要讓自己輕易的被認為「是個容易下手的對象」，是職場菜鳥的必備功課**。這就像是若希望家裡不要遭小偷，那麼就請記得把門窗關好，這是比較容易做到的事情。

只不過，誰是指定受害者？

我們不妨先來看看，職場上甚麼人最容易被霸凌欺侮？

顯然第一種就是：**初入新組織，還搞不清楚東西南北的菜鳥**。

菜鳥因為還不知道新職場的各種複雜關係，所以常常會搞不清楚自己到底惹誰了？！

初來乍到一個陌生地方，必須重新認識人事物，這在所難免，所以剛踏入新組織時，除了要努力工作，花一點精神觀察組織裡的權力結構也很必要。我一直鼓勵年輕人可以提早打工、實習，除了這些經歷有助於你更容易找到好工作之外，這份對於職場人情世故的理解、暖身的過程，對於職場上的眉角，通常便可較快掌握。

第二種是「內向、臉皮比較薄」，就是那種被人家說「教養特別好」的人，這種類型也比較常在學校裡「死讀書、會考試」的人身上發生。這種人往往學業成績好，但處理人情世故卻變成白癡！「教養好」本是一種美德，但如果一眼就被有心使壞的人看穿，你就是那種「不好意思為自己謀取利益，也不懂跟他人談條件」的人，或是因為臉皮較薄就容易因他人過於強勢而讓步，如此一來，自然容易讓人侵門踏戶。也就是說，**「內向、臉皮比較薄」的性格，讓你容易成為「輕易讓出資源」的人**。我觀察到職場中有許多人雖然工作能力不錯，但「看起來沒有脾氣」，就是一付很好欺騙的樣子！這種人，常常變成被欺侮的對象。

第三種人，我習慣稱呼他們為**「馬屁精」**，功力雖已修練成「精」卻也不一定能為自己牟取到甚麼實質利益。這群人習慣「極力討好上司」，雖是為了一己之利、大好前程而討好上司，但對老闆來說，這種人也可說是「太好利用」了！一旦被定位是這種人，就很可能被上司一再利用，反而不容易被珍惜，甚至淪為某些不懷好意的上司認為是可以用來剝削、背黑鍋的大好人選！而且，某些「馬屁精」即使已意識到自己被剝削，卻也從未嘗試掙脫，找尋其它出路—原因即在於投入太多「沉默成本」，已然動彈不得……

職場上，不乏被上司長期強壓卻還一直「聽話、照做」的人……我看到他們，心裡往往會想「你是怎麼了？怎麼不趕緊跑？」

當然，除了害怕失去工作，還有種種心理因素，例如缺乏自信心、不夠勇敢。或是因長久待在同一個地方，該區已經變成「舒適區」了，畢竟不願意放棄「舒適區」，正是人類的慣性之一。

你有以上幾種特徵嗎？萬一有，那麼你就要明白，這是職場霸凌受害者的重要特徵。因為符合以上特徵之後，你就特別容易成為被霸凌的受害者，所以絕對不要被人看成是這種「容易下手的對象」。

此話怎解？

我建議可藉由慢慢磨練，改變行事風格。至於當年的弱質女立婷是屬於哪一類？我認為一是因為初入職場，還搞不清楚工作場域眉角；二是因為既要養家又得負擔大學學費，急需一份薪水支應……，上述幾種弱勢形象導致她變成組織鬥爭下，那個最容易被下手攻擊的犧牲品。

職場霸凌的四大方向

其實職場霸凌可能來自以下三方面：分別是上司、同儕、部屬（這聽起來很奇怪，但是也屢見不鮮）及客戶，其中又以來自「直屬上司」是最難以反擊成功的模式。

原因在於，直屬上司通常是你在工作場域中最重要的關鍵人物，他決定了你的進步及收益。所以如果是來自直屬上司刻意的欺凌，我倒是覺得，「換環境」或許是較為理性的作法，沒甚麼不可以。

我在人力銀行工作期間，曾經做過很多次「離職原因」調查，其中因為不滿意「直屬上司」而選擇離職者，這就是主因。

為什麼？

那是因為在組織裡，「直屬上司」就是評估你在組織中價值的人。他們關係著你在這個組織的未來發展、職位升遷、薪水福利、薪資報酬，與你工作的動機目的有關者，大多是取決於直屬上司對你的評價。當然，業界肯定也有許多不錯的直屬上司，這是因為他夠聰明，認為你可以幫他一起達標，所以只要好好利用你，一切就能心想事成。如果有幸碰到不錯的直屬上司，一定要好好珍惜。

但若不幸，你遇上的就是專門欺凌你的直屬上司，那也別灰心，務必要想辦法突破。所以，若你的資歷越來越好，直到有機會可以「選擇工作」的那天到來時，你就有條件選擇適合你的直屬上司。這時若跟上司也有共同目標（例如共創團隊佳績、成為利益共同體），你將可跟他一起成長，成為一個長期合作的團隊成員。

若是從職場欺凌的角度來看，當你和上司目標一致時，即使他個性不好，但也會權衡利害得失，比較不會欺負你（因為他需要你）。反觀若碰到有虐待狂傾向的上司（有些人，剛開始擁有一點權力，就會開始作威作福……共事前期，你未必會發現）。這時，你該怎麼辦？

誠如心理學強調的，**遇到攻擊時，人們可以FIGHT OR FLIGHT（戰或逃）**。戰，是對應策略；逃，則是「離開」。我始終認為，職場關係（社會領域）跟家庭關係（私人領域）兩者差異甚大。在職場上，一旦遇到不合理的對待，「離開」始終是一個可能的選項！

你被上司欺負了？無論是想辦法轉到其他部門或另尋外部出路，這都是可以考慮的其他選項。不過我常看到的情形是，除了FIGHT OR FLIGHT（戰或逃）之外，很多人是只能「呆」著不動作。因為想不出對策，所以只能傻傻杵在原地，停滯不前……

也有很多人覺得「逃避」可恥，所以硬撐著。

但我從不這樣認為。

著名日劇「月薪嬌妻」的日文劇名就是「逃避雖然可恥，但是有用」，這個劇名蠻有幽默感的，不過實在是有它的道理。畢竟FIGHT OR FLIGHT（戰或逃），只要是對自己好的都行，這絕對不可恥。

還記得本章節開始時，我曾描述過的那位性格軟弱容易被欺凌的立婷嗎？努力的她後來考上公務員，現在是個威風凜凜，充滿正義感的CSI（犯罪鑑識人員）。

她終究選擇了適合自己的道路，充分發揮自己的能力。

最後容我再補充一點心得：在職場上，同儕因為競爭而欺凌你，這也是很常見的狀況。同儕之間，能力與未來發展可能不相上下，他之所以欺凌你，可能只是因為他看清某種局勢，選擇利己的道路。就像我在前面提過的案例－阿勇的跟班，這群人會在真正的霸凌者旁邊幫腔作勢。

此外還有一種情形是，比較奸詐的大魔王型主管，多半不會親自動手，反而會叫打手出面，以免未來遭到反噬，這種情形也很常見。而同儕欺凌者（其實只是打手）在替主子辦事時通常會認為，霸凌弱小的你，充其量就是討好的上司的作法，最終也只是利己的選擇罷了。

若欺凌者來自非同一部門的同儕，那也有可能是因為不同派系間的爭鬥，也可能是因為你的表現不小心擋了別人的道，搶奪了對方的資源，來自對方的惡性競爭心態！

這個部份容後再來慢慢講……

吃瓜看戲去

人在屋簷下，不得不低頭！

在職場上，同儕之間因為競爭而產生霸凌，這是很常見的狀況。大家因為能力與未來發展可能不相上下，他之所以欺凌你，可能只是因為他看清某種局勢，選擇了利己的道路 .....

1.5 老闆壓力山大，躁鬱停不了……

如果運氣不好總是碰到壓力大、脾氣壞的主管，
挨罵變成每天固定的行程……，
那麼請記得，原因不一定完全在你身上！
遇事不要太害怕，冷靜處理才是保全之道！

疫情之後，疑似躁鬱的人似乎越來越多了！連坐個計程車都可以感受到駕駛的心緒不穩……更何況沒有業績，卻得付店租或薪水的老闆？或是得承擔業績，卻苦於無計可施的部門主管？

大環境不好，讓每個人都感覺鬱悶！不過，坦白說，職場上躁鬱的人，其實也從未少過！

我一開始出社會當小助理時，就曾碰到超級機車的主管！他會幾招跆拳道，生起氣來還會把辦公室隔板踢破！但因為一出社會就碰到這種火爆浪子型的主管，所以害我好長一段時間以為，老闆就是長成這個模樣……

記得剛去上班沒多久，老闆某天就叫我拿著一張紙，在上面用紅筆寫了「幹」這個大字，然後再拿去給部門中某位曾經是他競爭對手，如今

只是一個部門經理的舊同事……

那時候我只是他的助理，既老實又聽話，自然乖乖地拿過去。

結果，那位經理看到這張紙，臉一陣青一陣白……

現在想起來，這也是一種「我的主管霸凌那位經理」的手段，而我這個跟此事無關的小助理，卻不小心當了這個幫大主管「傳達霸凌」的人……

莫名其妙當了霸凌者的跟班，還是打手？

我想，若時光能重來，我應該會把這張紙放在信封裡，裝作「甚麼都不知道」，然後很有禮貌地拿過去給那位經理……

那麼，這件事就與我無關了……

甚至，我還要對那位經理表現出畢恭畢敬的態度，畢竟我只是傳信的小助理，根本不知道其中內容），也算是替那位經理保留顏面。

這便叫做**「客氣傷害」原則**。

現在，希望這位主管再也不要這麼做了。因為這活脫脫就是霸凌屬下的證據，這叫做「職場侵擾」，而且還是鐵證如山！

想想自己，當時也沒有做得很好。

人生難免有疙瘩，且當馬路上「碰瓷」罷了

自己剛開始當小主管的時候，忙得要死且上下交相賊，我也覺得壓力爆大的，性子急的我，大概有一整年每天情緒都不好，甚至在出門上班前還會對著馬桶乾嘔……幸好我當時的部屬算是理解我，並未找麻煩。直到後來，自己突然驚覺總是處在這樣煩躁的狀態，一定很討人厭，這樣既無法為部門留住人才，工作也不會有進展，所以，我一定得想辦法解決！從此之後，我開始研讀書籍，聽演講，開始懂得讓自己變得有領導力，要學習的事情很多，絕對不是只有「對部屬大小聲」而已。

自省後，我慢慢理解：如果碰到躁鬱的主管，總是挨罵，原因不一定完全在我！所以，碰到火爆浪子型的主管，千萬別害怕，反而更要冷靜處理！千萬別自己腦補「是我沒做好，是我的錯……」或把事情解讀成「主管壓力太大，真辛苦！他不知道如何排解？我該怎麼幫他？」

工作十餘年，直到某次跟隨一個私下有很多「不能見光的業務」的總經理，他雖然事事神神秘秘，這才讓我終於大開眼界，聽到甚至直接看到一些不可靠的蛛絲馬跡……

他之前在一個大集團當總經理，我一直以為：這麼大的集團出來的總經理，錯不了！

後來才知道，企業形象與集團品牌，和個人人品之間還是有差距的。

這次，我終於看懂，這位總經理動不動就沒來由的大發雷霆，其實是因為隱藏了太多秘密，怕身邊的人知道，所以，他每天杯弓蛇影，覺得危機四伏，非常沒有安全感？甚至是對曾經配合過的協力廠商大發雷霆，直接將別人的提案甩在地上……我想，這都是因為他自己創業後，只想看別人努力做的提案，卻不想付錢？

他面試新人時，也只是想拿別人或是其他公司的資源？或是打探秘密？根本不是誠心雇用……上述種種，都是有可能的。

而這一切不道德的事情，全都隱藏在他的易怒之下……

主管的「大發雷霆」到底是真的認為我們做錯事？還是「躁鬱症」發作？或根本

就是在演戲？

這些其實都有可能的！

我建議大家必須開始懂得辨認「真偽」，保護自己，遇到這種情緒大暴走的狀況時，也要盡力維持內心自洽！

然後，可以想辦法……溜走！

真的很嚴重時，甚至「稱病」閃過，也是一招！姑且不論甚麼原因，只要遇到主管暴怒時，眼睛直勾勾地盯著他，他可能以為你在挑釁，反而更生氣。但你若低著頭，又好像犯錯的小學生。

我看過同事有一招，還蠻管用的！

就是，當前面那位總經理大發雷霆時，員工拿著筆，邊聽邊記下老闆說的話，然後說，好的，我趕緊來看怎麼處理。

趕緊離開現場，再去想想應該怎麼處理比較好。

對總經理的責罵是否入心？其實是天知道……

事實上，有些人根本不值得跟隨，一旦察覺，你便得趕緊安排下個出路。

至於碰到這種不會帶給你「安全、進步、收益」的主管，
不要太難過，你就當作在馬路上「碰瓷」好了！
人生，總會碰到幾次……

吃瓜看戲去

別害怕，假裝紀錄好脫身

在位居領導階層讓，能力很重要，遇到挫折不是只有「兇」部屬一招而已。反之，若碰上脾氣大的主管，請記住錯誤不一定完全在你！請勿慌張，冷靜處理為上！

1.6

年過半百的心境——切勿拂袖而去，而是要向上管理

真誠面對自己的長處及弱點，進而努力優勢、虛化弱點。
若萬一真做不到……，那麼，真誠面對也是一招。

在談到跳槽的話題時，有一位跨國企業的女高管跟我說：「有人覺得，資歷越老的人適應期越長，我的意見是相反。年紀應該要帶來相對的經驗和成熟度，如果具備職場年齡相應的經驗和成熟度，應該可以運用在適應期上，進而大幅縮短適應期的時間。」

也就是說，**適應期的另一個重點是心態，調整心態需要的是決心，但不是年輕的心。**

她說：中年職場人的心理素質，我認為要從了解自己做起。所謂的了解自己，就是真誠的面對自己的長處及弱點，有效強化長處和抑制弱點。這兩個命題的重點在於後者，也就是如何能**最大化自己的長處和虛化自己的弱點**。如果做不到處理自己的長處和弱點，那真誠面對也是一招。就像上教堂去告解一樣，告解完畢給人一種已經解決的放鬆感，孰不知解決的只有

自己的焦慮而已。

強化長處的一個好方法就是，當你接到一個工作任務時，先清楚了解上司或客戶的期待，然後站在上司或客戶的立場，藉由你的專業經驗，把工作完成，成功地將主管與客戶的期望值提升並轉化成為你自己的價值。持續繁複地操作後，你的專業就會成為上司的資產；你可為上司增加價值，而且是初學者新鮮人達不到的價值，這就是你的致勝關鍵。

這裡的重點是，你要站在上司和客戶的立場設想，什麼才是增加的價值？而非一廂情願地封閉幻想。**你自認為的偉大創見，若無法符合上司或老闆的利益，這將比人云亦云更糟糕。**

至於抑制自己的弱點則更為簡單易行，那就是厲行「老闆萬歲」。我們都很清楚公司雇用員工，不是要大家做御史大夫，大多數的受薪者被雇用的任務就是執行上級的決策；因此，把自己的喜怒哀樂、情緒、抱怨、私人看法、偉大燦爛的真知灼見等，在主管面前好好地隱藏起來，專心一意地認真呼喊「老闆萬歲」，這才是長治久安之道！

好聽話人人都愛聽，那麼壞話呢……？

我們皆是世俗人，沒人喜歡聽到旁人批評自己的意見和主張；**一個中等資質而聽話的員工，絕對比聰明卻不聽話的員工，在上司心中更有價值！**事實上，如果員工優秀、聰明、能幹卻不聽話，在上司心中就如同毒藥一般！先把可能撼動自己舞台的弱點深埋，讓上司的信任成為你舞台的基石，你才有發揮專長、增加價值的空間—信任的基石越堅實，你的專業才能充分發揮。

最重要的原因當然是現實，畢竟大部分人到了中年，往往面臨家中最需要用錢的時刻，如果能夠鞏固支援現實需要的能力，同時又可拚一拚，更上一層樓，豈不甚美。

有了一定的年齡，在職場內外也經歷了各式各樣的牛鬼蛇神，我覺得，如果二十多年前的心態和現在一樣，其實並不一定需要換工作；更準確地說，根本不會因為當初那些幼稚衝動的原因，例如因不重要的人所造成的不如意，不重要的事造成的不愉快，進而做出任何與自己職涯有關的重要決定。因此，當我遇到白人同事的種族歧視，日本分公司的小動作和霸凌，對岸的無下限，客戶的無理取鬧和白眼等等不公平對待，我椿椿件件都不會讓它往心裡去！

認真覺得，這些人欺負我、找麻煩，不是因為我做錯什麼，而是因為他們的人生歷練沒有教好他們如何好好做事；那他們又沒有付學費給我，我為何要浪費精力糾結這些事情，結果變成是我在教育他們呢？我只需要專注在我的工作上，想辦法把我的工作做到比主管預期的更好，這樣既能讓主管開心滿意，對我也有更多好處，為日後不可預知何時會來的暗算和職場危機儲蓄資本，從哪個角度來看，這都遠比任性拂袖而去高明許多！

另一個重點是，我覺得中年人在工作上持續展現 Can do attitude 是非常的重要！例如有時根據經驗和專業判斷是某個不可為的案例，我們要設法用一個正向的方式去展現，不要用專業和經驗去直接唾棄；對於經驗豐富的員工而言，只要心態轉換好，其實非常容易做到！

其實有好幾個方法可以嘗試，例如拆解步驟，研究可行的方式所需的前提，而這些前提又分別需要哪些資源的配合，或是將做不到的點，轉換成什麼角度或方式，就可以做到……，甚至是若依舊無法完成，是否有任何替代方案等。就像柔道一樣，如此這般的Can do attitude，可以輕鬆將把原本令人頭痛欲裂的一大難題，瞬間變成很多個有節奏、有進展的小困擾，然後再逐漸往四方擴散，改由不同的人接手解決，任務解鎖。

過去的流血、流汗、流淚都是有功勞的，花樣年華時所結下的傷疤，終會在白髮時蛻變為盾牌，包覆你我，繼續在戰場上殺伐……

誠哉斯言！我已無法再說得更好了啊！

吃瓜看戲去

信任的基石越堅實，你才能夠展翅翱翔……

如果你表現亮眼、聰明能幹卻不聽話，你在上司心中可能比毒藥還討人厭！

先把致命的弱點深深埋起，讓上司信任你並給予表現的舞台後，你再積極發揮專業、增加自我價值！

Chapter 2

職場宮鬥 Part❷

你只能黑化嗎？
同儕競爭該戰還是逃……

2.1

愛放話、暗箭傷人好可怕

永遠不要輕易相信「口蜜腹劍」的人，場面話說得越動聽，人後下手往往越凶殘。

M是政大社會系畢業。政大是個好學校，但社會系並不是熱門的科系。後來留學時，M讀的是藝術且拿到兩個藝術相關學位。

二十多歲M剛從美國學藝術回台，雖然是全部得A，獲獎的畢業生，回台後卻因為找不到合適的藝術相關工作，真的吃了很多苦頭。

幾經波折，M好不容易終被外商廣告公司錄取，職位是創意總監「英文秘書」。雖然職稱是英文秘書，實則是在跟大客戶比稿（爭取年度預算時），用英語向國外老闆做英語的比稿，重要的條件是「英文要好」，且能做說服人的英語演示其廣告腳本，跟所學其實沒有直接相關。

那為什麼這個職位需要M呢？

是因為剛升上去的執行創意總監英文不好，雖然他創意和管理能力都夠，但在對國外客戶提案時，卻很難表達清楚。但因為這工作是「英文秘書」，所以之前來面試的三十個人都沒有通過必須「英語演出腳本」這關考驗，M因此才被錄取了！

工作是「英文秘書」，除了用英語提案、比稿，每天要做的工作其實很繁雜！這是因為身處外商公司，公司裡的所有會議紀錄都得用英文寫的，M也要協助看不懂英文的執行創意總監了解各部門的會議結果，所以，M每天都要翻譯數十份的英文會議紀錄……，所以，M當時甚至被同事們戲稱為「活的翻譯機」。

＊　＊　＊　＊　＊　＊　＊　＊

從這裡M就知道，即使是不錯的學歷，如果無法對應到未來的職務，可能對找到一份自己滿意的工作幫助有限！真正能讓M被錄取的原因：一是能力可以勝任這個職務，二是語文及表達能力為他加分。

進入這份工作以後，M很珍惜也力求表現，不過即使只是一份薪水不高也常常加班的工作，仍然有人吃味，而M竟渾然不覺！像是M用「英文提案、比稿」這個工作，在M還沒有到職的那三個月，創意總監剛升遷，因為還沒找到「英文秘書」，所以原是透過一個國外長大的女業務H代勞。但自從M到職後，這個工作就轉到M來完成了。關於「英文提案、比稿」的工作內容，M一開始表現不錯．能協助總監拿下外國客戶的年度預算，提案時也不用跨部門借人，算是個不錯的結局。

照理說，這樣看起來，應該沒甚麼問題了吧？

孰不知，因為M表現優異，背後的冷箭就開始射過來了……

女業務H因為之前的借調，跟M的主管很熟，於是常來找主管聊天。她每次進總監房間之前，或是經過創意部門，都一定會主動來跟M做朋友。有時候，她還拿個小蛋糕請客，言語上經常對M加油鼓勵。畢竟初入公司，同事們大家都很忙，M身邊也沒有甚麼人可以陪她說說話，所以M也蠻高興她每次經過都跟自己聊上兩句，久而久之，大家都認為這兩個女生交情很好。

直到M已到職好幾個月之後，某天，女業務H進到創意總監房間，用了非常誇張的語氣跟M的主管說：「你的秘書到處抱怨你喔，你要小心喔……」

這當中因為對話音量並不小，否則M也不會聽到……她心想：「咦，她在講甚麼？這根本不是實話……」裝潢不錯的總監辦公室，隔板卻出奇的薄！女業務用誇張的音量跟語調在房間內造謠生事，一字一句竟然都被M聽到了！

怎麼會？

M這時心裡還在想：「她不是一直都對我很友善嗎，怎麼會這樣？」旁聽了數分鐘之後，M實在太生氣了！故而一時衝動，直接就敲門衝進去準備跟她對質了。而女業務H大概也想不到辦公室隔音太差加上自己音量放太大……剛才的一番精彩對話，全部傳到辦公室外面了！

而她也不是菜鳥，冷靜後馬上對著M大吼：「妳怎麼可以偷聽別人講話？！」然後急忙衝出去，重重地甩上主管的門……

反而是M，當下心情難以平復，整個人是既驚又怒的……甚至是面對主管時，連話也說不清楚！

此時，那位四十幾歲，經驗老道的總監，冷眼看著他的秘書（M）站在一旁想要辯解卻又說不出話來的傻樣，臉上的表情怎麼看都是「超級賤」的模樣，毫無正義感……他沒有問甚麼，倒像是很滿意兩位妙齡女子正在為他「爭風吃醋」？！一直輾鬚呵呵笑的樣子，讓人一看就覺得毛骨悚然！

啊……！對，這是我剛入職場的親身經歷……雖然已時過二十多年，當時的情景我依舊清楚記得！我頭一次親耳聽到冒充好友的同事在對我下毒，然後我的老闆那副「賤笑」的賊表情！

我想，最主要的原因是，我的工作表現讓對方感覺自己相形失色，或是自己曾經得罪對方卻不自知，忽略她的感受！直到後來我陸續聽到她在外面一直說我的壞話，造成我不少困擾！這是我第一份主要工作時的遭遇！我即使是那麼嫩的菜鳥，仍被攻擊！而且是被一直向我示好，讓我把她當成知心朋友的跨部門同事！

時隔多年，重溫舊事，我有以下三個心得：

首先，**不論職務高低，都有可能招人忌妒、進而受傷害！**而且越是貌似親近，以為你們會成為盟友的人，越有機會對你造謠生事。當時我「抓住機會、替自己辯白」，行為雖然衝動，但卻是一個可以直闖過關的反應。因為若不辯白、不解釋，就會埋下日後讓主管懷疑我的種子。請記住：**關於辯白，尤其是有心人士為了傷害你，進而對**

你的「直屬主管」灑下的謠言，這是必須要解釋清楚的。

另外在職場上，「信任」是需要長期累積的！若你與關鍵人物（例如直屬主管）在平日就已建立良好溝通，這將有助於他聽到對你不利的謠言時的判斷力。

人心其實很複雜，職場小白兔並不多

關於職場的應對，我想每個人都是透過經驗磨練出來的。初入職場的菜鳥，很容易遇到一些莫名其妙的打擊，這是很正常的。每個人進入職場前的準備期其實很長，剛開始是來自家庭，之後則是學校。家庭跟學校都會提供教育及技藝，然後，家庭跟學校有人與人之間的互動和相處，這就是職場最初的暖身。

一個人未成年期，其家庭成員、兄弟姊妹之間也是有競爭的，這就是一種練習。理想的家庭，兄弟姐妹間既有競爭，也有互助；之後進入社會再與其他人一起工作，其中也有競爭也有互助，所以擁有兄弟姊妹的人，通常會更早開始學習互助和競爭。家庭中的養育者（父母親）會提供子女教育及協助培養技能，家庭教育中也培養個人未來適應社會的能力和態度。所以，家庭就是一開始「迎向更大世界挑戰」的初期培育場。

而迎向世界、融入職場的第二個培育場是「學校」。

學校存在的目的當然是提供知識技能，然而學校裡的成績排名，也是競爭的環節。之後還有各種大考試，例如考高中、考大學、考研究所或考公務員、各種證照等，就是用以評估其學習成果及個人能力。所以，學校也是「迎向更大世界挑戰」的培育場。學校的排名以及學校的成績，在初入職場時的確有用，因為學校的排名以及在校的成績就是你可以「被量化」的能力證明。不過，進入職場一、兩年後，好學校和好成績的「價值」在職場上就遞減了，取而代之的是你現在「工作的表現」，甚至你在的「環境」（包括公司品牌），是否可以讓你在履歷表上增添光彩。之後，「履歷表」的重點不只是學歷，還有你的表現與競爭力、生存能力等。

你在這個公司生存下來了嗎？做了多久？增加了多少實力？這些都成為下一份工作被錄取的參考指標。

但關於職場的「生存能力」，在家庭及學校有教嗎？我想是潛移默化的養成吧！

我的經驗是，越是好家庭、父慈子孝的環境培養出來的孩子，或是把大把心思投在學業的孩子，其實他們的心思比較單純，於是進入職場後，反而會經驗比較多「人事」之間的衝擊！

成績好的學生，同理可證。

擁有學歷光環，但未經過複雜的人事歷練時，進入職場的人際間反應能力未必更佳！所以，投身於職場之後，就要開始迎向跟學校、考試不一樣的挑戰，而那個挑戰，跟課本與學業成績無關，反而是跟「複雜人性」比較有關連！

總之，初入社會，是敵是友分不清，這其實錯不在我！學生時期的成績優異或表現良好，不代表你充分了解「人性」，所以被人暗算不算大事。畢竟**職場經驗就是要能從中「學習成長」**！

吃瓜看戲去

人性本「惡」是硬道理

人心複雜難預測，永遠不要輕易相信「口蜜腹劍」的人。

2.2

良性競爭？惡意打壓？幫人出頭反被害……

信任別人本非壞事！但是「信任錯人」，
這就是麻煩的開始……

剛升上主管位置的林經理，在一家前景大好的企業裡擔任公關主管。

因為工作關係，認識了某合作廠商的企劃小麗，小麗比較年輕，偶爾會來請教林經理一些工作上的問題，林經理也熱心回答。久而久之，林經理覺得小麗像是他的晚輩、朋友。也許是林經理個性相當熱心的緣故吧！漸漸地，小麗開始對她有一些額外的要求，譬如擔心自己公司記者會上出席媒體太少，小麗會向能幹的林經理求助。林經理自己的工作也很忙，但既然小麗開口，她也盡量提供可以動用的人脈資源幫忙。

她覺得自己就是與人為善交朋友，其實，這個出發點也沒有錯。

認識半年後，小麗向林經理哭訴自己已經待了三年的公司經營不善，飯碗可能不保……，林經理感覺小麗快要斷炊了，實在很可憐。

林經理剛升遷半年，正想擴充人手增加自己的團隊，於是她沒有仔細思考小麗的能力是否適合公司。一心只想著：「既然自己也需要拓展部門，也需要用人，不如用一個「認識的朋友」。因此，她向非常信任她的老闆提出增加人手的想法，她也不由自主地「包裝」了小麗的能力，大力推薦她進入該公司該部門。

林經理過去表現良好，小麗有了她的背書，老闆自然賣她面子，爽快答應多雇用一個人來上班。所以，林經理和小麗，兩人就從外面認識的人，變成同部門「上下級」關係。而小麗既是林經理背書、推薦、拉拔進來的人馬，這更讓林經理自覺有「幫助別人」又「增加人手」的快樂！

但小麗進來公司後，短短幾周便開始出現一些奇怪的傳言……，譬如小麗總是蠻晚下班，這是因為林經理把所有的工作都推給她！

（這當然不是事實！）

後來，還有一些奇怪傳聞……，甚至會傷害到林經理的人品，傳言漸漸傳到林經理耳中。

某天，隔壁部門的主管告訴林經理，這些莫名其妙的傳言全都是小麗傳出來的。林經理把小麗找來質問，小麗很委屈地鄭重否認。心胸開朗的林經理像個女中豪傑選擇相信小麗，完全不畏謠言，一笑置之。

不過，後來還發生了很多事情！例如，小麗跟林經理哭訴：「搭配的工程師非常不合作，希望林經理出面幫她解決！」然而，當這件事進行到老闆需要小麗、林經理及設計師三方共同會談時，竟然發生了匪夷所思的事情！

事情的發起者小麗，居然在老闆及工程師前面「完全推翻」之前向林經理抱怨的所有事情！而表現得楚楚可憐的小麗，怯生生地向老闆表示，自己夾在「主管與設計師」之間，實在為難！

林經理聽到這裡，頓時不知應該說什麼？也到這時，她方才驚覺小麗這個人，好詭異……

不久，小麗的三個月試用期將屆滿，很主動地將自己三個月來的工作表現「量化」於清單上，希望林經理幫她爭取試用期結束後的加薪福利。但當林經理仔細檢視資料後，發現小麗浮報成效，再加上自己對她三個月來的評估，覺得小麗並不適合這份工作，所以便和老闆商量「不續聘」的可行性。然而，小麗還真不是省油的燈，她哭哭啼啼地鬧了許久，發現自己浮報成效的事跡敗露，居然故意穿著破爛、整天待在老闆門口站著求見面！

四十幾歲的大男人老闆，怎麼有辦法拒絕一個小女生的苦苦哀求？最後，老闆最後不只留下她，還把她調到另一個部門負責一個項目。而公司也因謠言不斷，讓老闆覺得很煩。

一直英明神武的老闆，不但留下小麗，而且還因此冷凍了林經理。

這讓林經理好傷心啊！

當初只是一時心軟，覺得可以幫助小麗，又能讓自己多個幫手，看起來一切都很完美……

豈知小麗怎會變成「人前一個樣、人後一個樣」的人？後來甚至還想盡辦法想要毀了她！

這是怎麼回事呢？林經理覺得非常挫折……

＊　＊　＊　＊　＊　＊　＊　＊

年紀漸長，我開始體會到，信任他人本非壞事，但若是「信任錯人」，那可就是麻煩的開端！

誠如上述的例子，林經理在任用部門新人小麗時，一開始是基於同情心，這對於僱用這件事本就不對。僱用人才應該是基於能力及性格，有關這點，林經理沒有仔細評估。

另一方面，林經理也是因為以為雇用一個「認識的朋友」比較好……

這是因為太急，還是便宜行事？再者，林經理真的認識小麗嗎？

小麗說不定正在忌妒林經理待在一個好公司，又一直被好老闆賞識！例如，一開始有不利於林經理的謠言傳出來時，林經理不願意相信！雖說是「用人不疑」，但也應該花一點心力觀察此事是否屬實？

再者，當小麗跟林經理哭訴說：「跟我搭配的工程師非常不合作，希望林經理出面幫忙解決！」林經理在將此事上達天聽到老闆前面時，是否曾善盡經理之責，出面核實過此事真偽？

或是，林經理大可讓小麗「用寫的」，把和工程師的矛盾寫清楚，正式提出她「要求換搭配的工程師」的理由，待將事情標準化後再處理，就不會出現臨陣倒戈的事情。

林經理就像個傻大姐，被小麗弄得團團轉！

你我皆凡人，「誤信他人」總難免

我相信大家或多或少都有「誤信他人」的經驗。可是為什麼你已發覺受騙，卻不由自主地繼續替他開脫或找理由解釋，以至於越陷越深，損失越來越大，這是為甚麼呢？

推究原因就是：每個人都有「心理的一致性」的狀態。而且是，你以前對他越好，也就是曾經以為他值得的信念越深，這時要你承認自己根本「誤信了他」，就會變得越發困難。簡單來說，人類「心理的一致性」就是：如果你以前喜歡他、幫助過他、甚至付出很多時，日後即使發現他並非如你原本所想的那麼好，即使他已欺負你或欺騙你，但這時，你會產生認知失調，心裡會產生「非常不舒服」的狀態。

破壞了「心理的一致性」實在太不舒服，沒有人會喜歡這樣。於是，你會不由自主地修正你的認知，開始否定已經發現的不良狀態，反而會開始「包庇」這個你已發現不對的人，甚至說服自己，他其實沒你想得那麼壞。要承認自己是「誤判局勢」，要承認自己「誤信曾經支持幫助過的人」……基於**人天生就有「心理的一致性」的機制，一定會感到痛苦和難堪，只有認清這點，快速覺醒，才能不讓自己繼續受騙受害。**

忌妒心強的人，奉勸少惹為妙

我曾看過一則新聞。

澳洲有個女子好心幫助了一個流浪漢，但當天晚上，流浪漢就在公園裡殘忍虐殺了她。

這是怎麼回事呢？

其實，我們在幫助他人的時候，如果對方是容易忌妒的個性，一不小心，你就會讓對方感覺你總是「高高在上」。對方雖然願意接受幫助，但卻不喜歡「你比他好，比他具備資源」的感覺。所以，林經理因為看到小麗的工作不保，因此認為提拔她又借給她錢，卻喚起小麗深深的自卑感，她認為自己條件並沒有比較差，為何處於這種境地？所以，想找機會打敗林經理，這就是嫉妒、羨慕的心態作祟，而撐到最後就是反咬了林經理一口……

另外我一定要講：當你要雇用一個人，或是尋找工作夥伴時，這是公領域的事情，所以不要以「私人感情」作為出發點。公領域（職場）應該要先評估對方是否具備職務需求的能力、條件、個性、態度，再決定是否雇用。

職場上，樹立上下級的「邊界意識」也很重要。

既然身處職場，就屬於「公領域」，有別於家人與朋友相處的「私人領域」。「公領域」主要講權利規則，而「私領域」主要講情感規則，兩者是不同的邏輯。所以，公是公，私是私，在評估職場合作者時，要談清楚要負責的權利、義務，並評估對方是否具備工作任務所需要的能力？這才是關鍵。

但如果後來發現此人不能用（不能合作），儘早「有手腕」的解決（例如談妥條件，順利送走對方）；或是找到足夠證據資遣她……，這都比林經理被反將一軍，然後被老闆冷凍的結果好上許多。

吃瓜看戲去

公私分明——距離讓你、我產生「安全感」

身在職場，樹立上、下層級的「邊界意識」，既可保自身，也可保他人。

2.3

出爾反爾好卑鄙？適度難纏更有利

在職場上，記得凡事都要講求「白紙黑字」，適度時地丟出一些問題讓對手去闖關打怪，這不過是剛剛好而已……

這裡有一個蠻經典的案例，案例中的女主角雖已在職場工作多年，但專業甚佳一直受到肯定的她，卻出乎意料地不太懂職場的複雜人心。

我們暫且稱她為「王女士」好了。

王女士工作十餘年，行銷、業務能力強，被新崛起的同性質公司高薪挖角。因為她過去的公司也是由小變大，成功的網路公司，於是她的身價也水漲船高，被新公司挖角並被新老闆委以重任，希望她將已經成立四年、卻沒有大起色的公司拉拔起來。

原本公司有個負責人，號稱該公司「女一」的洪經理，也因為她的到來，也因此從「經理職位」被升為「資深副總」，看起來是升職吧？不過職場上常有明升暗降的事情（也就是職位變高但是實權削弱的情況），具體情況只有老闆才能掌握。

過去，洪經理原是一手掌握各部門，王女士到職後既然負責業務行銷，洪副總則被老闆委任管理、人事、財務。

王女士到職後，洪副總看似誠懇地表示「歡迎」王女士一起幫助公司成長，也多次邀請王女士共餐，並表達將密切合作的意願。但是，不是很懂政治的王女士沒想到，其實這間公司的少主，是想讓王女士熟悉業務後，就把多年掌握大權卻毫無起色的資深員工洪經理換掉，只是沒有明說……

少主並提出希望王女士可以帶一些以前共事過的好手過來，讓公司快速成長。（少主在替王女士增添派系人馬）此時，表面升遷的洪副總依循上意，假意催促王女士趕緊招募人馬！（新少主可能認為王女士年資長，應該不會完全想不到他的用意吧？殊不知，王女士其實蠻單純的！）而王女士想到第一個不錯的舊識A，因為舊識A正想換工作。於是，她跟他談好月薪六萬，A也很滿意，辭掉原工作準備到新職。

沒想到到職前一天，洪副總忽然用急切懇求的語氣對王女士說：「她剛剛查過了，這位員工的「學歷」不夠好又太年輕，不能一開始就拿月薪六萬……」甚至強調整個集團無一例外。而洪副總要王女士幫忙趕緊跟A談，能否改成「月薪加上獎金」可達六萬多……

王女士覺得很尷尬，但因為自己也是新來的高階主管，似乎不好壞了集團規矩，於是就硬著頭皮去跟挖過來的A協商……

（此時洪副總一定覺得王女士真好講話！）

然後，王女士第二個挖到的前同事B，洪副總重施故技，又在新人到職前一天緊急告知，新人的學歷只是台大的「學分班」，不能一開始就拿談好的月薪，要王女士趕緊跟第二個員工談！這時王女士學乖了，她覺得這樣很不妥，婉拒了……但是洪副總又是一幅緊張兮兮、語帶懇求的模樣拜託她（洪副總低姿態的拜託哀求！表示這樣上面一定會有意見的）王女士雖不得已，卻也只好硬著頭皮再談……

（此時洪副總瞧扁王女士，知道王女士不懂得捍衛自己的屬下！）

然後，洪副總卻老是趁王女士不在時，常常對挖過來的人冷嘲熱諷，批評學歷，大聲叫罵，侮辱傷害……

直到第三位新人到職，洪副總依舊重施故技……

此時王女士終於明白，洪副總不像表面那麼誠懇。洪副總就是要把她激怒，用小手段把她氣走的兩面人~此時才發現，才剛到職，洪副總就以誠懇老實的臉，用表面的低姿態，行打擊潛在對手之實……

王女士多次求見老闆（少主），想要得到老闆的明確指令；然而老闆旗下公司很多，秘書表示：老闆一直很忙，三個月都約不到！這時她終於意識到，她來到了一個「寡婦職位」——可能職位高、新水滿意，但是無權、無人可用，是很難伸展拳腳的！

何謂「寡婦職位」？這個概念是彼得·杜拉克最先提出，意思是「坑人的職位」。

拆解一下。這個公司的老闆「表面上」，要挖來的王女士努力把公司拉拔起來，背後卻有一個私人目的，要把長久無績效的洪經理換掉！此時老闆不但沒有對王女士明講，當內部鬥爭開始時，也沒有給予適當的支持。而王女士雖然工作能力強，卻不懂複雜人心，敏銳度不夠，可當她發現時事情跟她的想像不同時，也無法見到老闆要求資源及支持，更讓自己處於無兵無權可用的境地。而洪副總手握管理、財務大權，再加上堵住王女士與老闆的溝通管道，輕易地就把新來的空降高階給卡住。

最後，無兵、無權、無糧的王女士當然難以發揮，不到一年就被其他公司挖角離開了！

而該公司新來的同職務空降高階一個換過一個，成為名副其實的寡婦職位。

洪副總弄走了她心中所有的假想敵，對她來說，她在公司容忍下又多撐了五年，但因為公司就是內耗，無論投資多少就是未見起色！後來，整個公司被財團併購，她也被裁員了……

不過，站在洪副總的角度，她至少多賺了好幾年的薪水！

＊　＊　＊　＊　＊　＊　＊　＊

在職場中，你要為了自己的前程求發展，可能就必須經歷「轉換」。這個轉換，常常是不得已的。不過如果不思進取、不求改變就容易被環境淘汰，所以，跳離已經熟悉的舒適區是必須練習的。

一旦你往上提升或轉換場域，新的挑戰，馬上開始。

先前曾舉過的菜鳥綺綺的例子是被空降主管打壓，但主管被打壓的情形也是常常有的。

這是上對下施予的壓力。

但是下對上呢？或是同儕呢？

這其實也是有壓力的。

空降高階 vs. 新手主管

無論是「空降高階」或「新手主管」，都有可能被資深的員工欺瞞或消極對抗，但其實新主管上任後的真正考驗不是管理部屬，畢竟部屬在組織裡能做的事情還是有限，主管仍站在一個比較好的制高點。「空降高階」或「新手主管」一到那個位子，若遭受不友善對待或激烈考驗，更可能的是來自資深的同級主管的挑戰。

談到新手主管面對新接手部屬的欺瞞，往往是部屬為了保有自己的「既得利益」，或是規避來自新主管「要求改變的壓力」；但新手主管或空降高階面對同儕的不友善對待，原因可能是基於同儕的忌妒、或是不安全感，當然也有可能僅僅是來自於對空降的不信任，或是競爭心態使然。

「合理的競爭」是必須接受的，畢竟職場上處處都是競爭；但是競爭對手可能有害人的奧步，卻必須提防。

承上述例子，王女士多年後回想起來，笑著對我說：「我當時實在太單純，對方也不是甚麼高招，我卻很輕易就被對方氣走、三兩下就被她排擠掉了！」現在想想，或許需要更多的耐心看懂局勢，並和挖她過去的老闆事先及事後，做更密切的溝通；當年的她，如果曾經多看一些職場電視劇，或許也不至於這麼單純地一直挨打！

很多人都有跳槽的經驗！

我也是。

在多次的跳槽成功後，我認為，**跳槽成功，主要是靠資歷加上面試時的成功表達；但「跳槽成功並存活下來」，且在老闆期待的時間內做出好成績，這是比求職成功難上一百倍的事情**。

年輕的「空降高階」甚至是新任小主管，都會很希望自己趕快有所表現，這時一定會有相當程度的心理及時間壓力，我以前就是這樣，拚命求表現，只為獲得主管認可。孰不知有些事情，遠比趕緊跑出去衝業績（立功）更要緊。

一直是行銷背景的我，過去曾有很長時間認為，老闆最在乎的就是績效表現，而在行銷領域，體現出來的結果就是業績！年輕時就不知道，「**在組織中，愈往上層晉升，政治的考量越來越多**」，這是無可避免的事情！而老闆心中的「績效表現」絕對不僅是業績或表面要求的KPI。大BOSS心中還有許多不想講、不能講的謀劃！這些盤算或許是不方便講出來，又或是他希望透過員工的「互相競爭」，讓它更快發生。

這時候我必須強調：**要在一個職場生存與發展，關鍵上司的「真實想法」是新手主管或空降高階必須「最先掌握」的情報。這比「趕緊達到業務績效目標」更重要！**此外，信奉與人為善的王女士，你實在太好講話了，於是被人輕慢對待。孰不知，適度難纏更有利（力）。

吃瓜看戲去

新人初來乍到，先別急著建功

先學著掌握老闆真實的期待，再了解局勢，最後是盤點可用的資源。

2.4

蛇打七寸最有效，棄卒保帥有補償

「職場霸凌」最常見的手法，
通常是「孤立、排擠、侮辱」的綜合體。

二〇二〇年底，有個知名機構的老員工，告發了老闆出國回台卻沒有遵守防疫規則馬上召集開會，經查證老闆被罰了一百萬還上了媒體讓公司顏面盡失……本來只是防疫期間的一個案例，而這位員工（吹哨者）因此被同儕霸凌，導致辭職鬧上了新聞媒體。

在這個事件中，匿名的同儕在公司的牆上貼海報說：「妳出賣公司還有臉進公司？若妳懂得做人道理請自重！」

這就是公然的霸凌侮辱。

現代社會大部分人用的是網路，網路霸凌傳播更快（但是隨著科技發達，若被霸凌者一定要追究，也可能很快被抓到，於是似乎也有這種傳統的霸凌方式復古起來！）這種在公司電梯口張貼大字報的手段，其實就是「公然質疑對方人品、能力，進而達到剝奪其權利、資源、工作機會……」的職場霸凌。

此案例中，公司竟然不出手干預，任由侮辱性海報張貼兩天之久，就是明確的支持霸凌行為，公司高層難辭其咎。透過媒體，大眾也判斷這極有可能是老闆的授權或是暗示導致霸凌行為，打手（跟班）的出手傷害（貼海報公然侮辱）……

最後，受害員工拍下侮辱性海報並申訴，經媒體報導後，造成該企業極大的品牌傷害。

＊　＊　＊　＊　＊　＊　＊

欺負若來自於同儕，最常見的情形就是「老鳥欺負菜鳥」，這可能尚未達到霸凌的程度，但也是一種「惡意的試探」，這時候，**你的「反應」決定了自己日後跟他人相處的模式**。

新人到職時因為不清楚人事物，通常這時就會有人湊過來「探探」這是不是一個

「特別容易對付」的咖？

對於職場霸凌，你可以更清晰地認識。這當中最常見手法，通常是「孤立、排擠、侮辱」的「綜合體」。「孤立」讓你感覺弱小無助；「排擠」讓你感覺被討厭且缺乏資源；「侮辱」質疑妳的人品，讓你心裡受傷。這些讓妳難受、難堪的壞手段，目的就是要達成剝奪你（當事人）合法利益（合法利益可能是你的薪水、職位、福利等）的一種掠奪手段。

上述實例，最是經典。如何面對霸凌，又該如何反擊？

在上述案例中，被霸凌者取得有力事證（就是貼在電梯旁邊的公然侮辱大字報），她拍照存證，並且找到申訴管道，尋求公權力的介入。最後她雖未恢復原職（因為得罪了老闆），卻也獲得足額的賠償，此一知名機構也受到大眾的抵制，自食惡果。於是，被霸凌者雖然只是小蝦米，卻給社會大眾做了一個「反職場霸凌」的良好示範。由此可見，反職場霸凌時，「蒐證」是重要關鍵，找到「申訴管道」更是重中之重。

有了「被霸凌的證據」，即可幫助自己在被欺凌時，擁有證據替自己發聲，獲得正義。

對於很多人職場中人來說，反職場霸凌的難處在於「蒐證不易」（通常被霸凌時，只覺得痛苦難堪、思緒紛亂無法適當反映。但只要冷靜下來就有機會蒐證）。這個案例，是當事人舉發了違法的老闆。當事人若想要跟公司對著幹，勢必得離開這個組織。其實，很多人害怕失去工作，於是「珍惜工作」就變成自己的軟肋。

在這個案例中，因為當了吹哨者（檢舉了違法的公司老闆），一旦被發現，就「必須面對這個必然的結局」。

然而世界上，很少有完美的結局……

我認為，若是職場霸凌來自於資源、權力強大的「上級長官」，尤其是直屬上級或大老闆，「離開原職」幾乎是「不可逆轉」的局勢。這時你要做好「終究得離開」的心理準備，也就是要有可以找到「下一個出路」的本事。例如此案例中，雖然沒有證據顯示這個霸凌是來自於老闆的授意，但極有可能是打手揣摩上意的行為，這個被霸凌的員工重回原職場的可能性很低。這時候，要評估如何可以做出對自己最有利的決定，十分重要，例如為自己尋求最合理的實質損失賠償，或有能力找到「更好的工作」，這是對自己「相對有利」的方向。

走出職場的黑暗隧道，本就不容易

案例裡，霸凌者在電梯口張貼了侮辱性的海報，想要藉此逼退一位檢舉了老闆沒有「遵守法律居家隔離」的資深員工。這個逼退動作，可能是背後大老闆指使、或遭到暗示的「打手」；當然，想要藉此討好大老闆的人，就是馬屁精「自作主張」也有可能。

組織中，當勢力比你大很多的人存心要趕走你時，他未必需要親自出面，不但可以指派打手，可能也有人會自動自發為他效命，只為了逢迎上位者。

如果不是以上情況，那麼，被同儕霸凌、排擠的原因，可能是基於妒忌。

常常有人跟我說：我到底有甚麼可以被妒忌的呢？

你自己不知道。

可能是你的學歷、能力、外表、職位、家庭背景、待遇甚至是比較年輕等，對方在意甚麼，就可能心生妒忌。

人類本質上就有排除異己的傾向，主要是基於對方「對自己的匱乏」產生「不安全感」。如果同儕是因為妒忌而產生一些排擠、攻擊的行為，不要讓別人覺得你很害怕，看似無力反擊。前面講過，你貌似無力，就更可能招致攻擊。這時候，被攻擊者比較可行的方法是「找後援」，例如「向自己的主管求助、靠攏」，是比較可能的解決辦法。但職場上很現實的是，公司並非幼稚園也不是小學，長官更非學校老師，這些「主管」並沒有一定要保護你的義務。

你必須要知道，若被同儕欺負，你向主管告狀：「某某某欺負我……」，這其實沒有用！因為這種「跟主管的工作目標無關」的告狀方法，只會讓人覺得你很煩，然後覺得他是否用錯人？也就是說，他會懷疑自己是否僱請了為自己找麻煩的人，你並非是能夠為他分憂的人。於是，主管當然沒有需要「出手幫你」的理由。

大部分主管工作繁忙，目標和你也不太一樣，所以除非你被欺負或被霸凌的事件對主管的「目標」有了負面影響，他有必要出手解決，否則很可能只會被置之不理，讓你自生自滅。

再舉上一章的弱質女立婷為例。

在當時，可以幫立婷的人，首位人選應是「沒有立婷就無法完成任務的直屬主管——琳達」，或是這個案子的主要負責人（跨部門的專案經理）。畢竟琳達是被大老闆委託完成工作的人，可能就是大老闆心中取代阿勇的人選，在老闆前面是有說話的份量。琳達看到立婷受委屈，認定可能會危及這個專案，所以她乾脆跟老闆說：「阿勇鬥立婷，硬是要把這個專案的主力弄走……」

也就是說，因為阿勇挑起內鬥，於是老闆最重視的專案無法完成，若因此利益受損……那麼，琳達加上擁有實權的老闆，就可能會「盡快」幫立婷解決難題。

職場霸凌，有組織？有章法？

我觀察到的職場霸凌往往會是「群體」，畢竟群體力量大。

而霸凌群體往往有「主使者、打手、小跟班」三種角色。

被霸凌了，要先找到主使者是誰？

其實主謀不一定容易辨認。

像二〇二一年在NETFLIX平台熱播的韓劇「魷魚遊戲」，劇情中描述霸凌組織的大BOSS，可以就是個藏鏡人，因為他不需要親自動手，輕鬆躲避所有可能的反噬。所以，受害者也無法很快辨認出來誰是主謀。

要辨認霸凌群組的主使者到底是誰？

合理的推測是：**在打擊你、霸凌你的事件中，最能夠「獲益」的那個人，就最有可能就是霸凌事件的主謀**。

一般來說，資源多又比較狡詐的大BOSS寧可當個「藏鏡人」，因為只要有利益存在，自然有人願意為他去進行傷害的實質動作。而且，大BOSS通常資源、職位、後台都比較硬，要對抗他們並不容易。而出頭霸凌的那個「打手」，就是被主謀騷動出來，動手執行欺壓行為的那些人。在魷魚遊戲中，蒙面的隊長，拿著槍的隊員等等，都是主謀的打手，他們的心理預期就是：藉由這樣做以傷害弱小的受害者，再者，因為欺壓的行動可以拿到報酬，或是討好上司。

雖然有些打手是被誤導、欺騙或迷惑的，但大部分的打手還是以「謀求自己的利益」或「提高自己在組織的位置」或僅僅是「求生存」的心理預期去行事。在職場中，如果要回擊霸凌，選擇回擊「打手角色」比較容易，這就是打蛇打「七寸」而非打「頭」的意義！因為「打手」通常就是藏鏡人（大BOSS）的棋子罷了，一旦事跡敗露，「打手」也常被大BOSS過河拆橋，白白犧牲了。

那麼若不幸被欺負，又要如何反擊「打手」？

以我的經驗，甘願成為霸凌藏鏡人「打手」的同儕，通常工作實力不足，但經由討好上司謀求利益的功利心卻很強！他們很容易在霸凌事件中，以「替主子辦事」來爭取功勞，謀求自身利益。這種人心中沒有正義感，他們很可能因為自私，習慣狐假虎威，這樣的結果導致人緣往往很差，無端替自己引入許多潛在敵人，毫無益處。更嚴重的是，當霸凌事件爆發出來，他們很容易「被指向」並成為負面事件發生時的負責人（被甩鍋、被歸罪者），這時，鞠躬下台的往往不是背後的主使者而是打手！若你是被霸凌的受害者，建議把自己心理素質壯大，再針對打手來「打手」，例如想辦法保留證據（錄音、找證人），想辦法抓住打手的小辮子，然後針對「打手」來反擊……這樣，在職場欺凌事件中，就有替自己反轉，又能保住工作的餘地。

另外，在霸凌組織中還有「跟班」，他們可能是誰？

就像韓劇中經常有的，那些團體中唯唯諾諾的人，很可能跟容易受害者差不多，是「比較弱小的人」。他們也是因為害怕被群體排擠而選邊站，這是自保行為。所以你跟「比較弱小的人」計較，沒有太大意義，只是消耗自己的精力，所以建議暫時忽略不理。

過一陣子，他們說不定還會私下過來幫你……

吃瓜看戲去

小心，背黑鍋的糊塗蟲就是你！

職場霸凌，最後鞠躬下台的往往不是主使者，而是打手！若你是被霸凌的受害者，建議先壯大自己的心理素質，接著再針對打手來「打手」。

2.5 一手遮天好恐怖！先別動怒，沒資訊就沒對策

「若你遇到劍士，拔出你的寶劍；若對方不是詩人，就不要對他吟誦詩歌。」職場欺凌可能來自四面八方，沒有資訊來源管道，就很容易被欺瞞。

有主管問我，為什麼看似比較弱勢的「部屬」，也有可能「欺主」呢？

清朝的大將軍年羹堯，戰功彪炳掌有軍權，於是很厲害的雍正皇帝也一樣會忌憚他的實力，於是，雍正皇帝必須運用許多資源穩住年羹堯大將軍。因為受到皇帝的專寵，以至於年羹堯在外面做了很多「奴欺主」的事情，到最後讓自己一敗塗地！這是野史上的事情，發生於宮廷與朝臣。

同理可證，在一般組織中，部屬也未必被主管掌握住，所以，部屬欺主的事情，其實也很多。部屬最容易欺侮主管的情形，就是當這個主管「還沒有掌握部門局勢」，甚至對業務還沒有充分上手的時候。有些心存惡意的部屬，會藉此混沌不明的階段，把主管吃得死死的，以謀求自己的利益與空間。

甚麼樣的主管最容易遇到壞心部屬的不當對待？

答案是：看起來「尚未掌握局勢」的新主管（甚至是空降部隊）。而最有效的解法是，**一方面保持自己的「神祕感」，讓有心人士摸不著頭緒；同時也要建立適當的「權威感」**。

下屬在探底時，「神祕感」和「權威感」會讓有心人心懷忌憚。

另外，當空降主管意識到已經有來自惡意部屬的欺瞞，第一步，是需要「花時間、花精力、用手段」壯大自己。方法包括「盡快掌握業務、結交內部及外部盟友、和上層保持密切溝通」，等位子坐穩了，時機到了再反擊……。這時候，部屬因為看到自己的主管鑾有實力的，即使一開始可能曾經不懷好意地試探，也可能因「理解主管的能力」而「收斂言行舉止」。

一切關乎於實力。

這種「欺主」的情形，就像剛升遷的「新手主管」，初期面對已經熟門熟路的老油條員工，也可能被吃得死死的。此時，新手主管必須熬過這段過渡期，也就是「彼此探底線」的過程。這時候，新主管需要花時間搞清楚部屬的狀態，分清楚誰可能是自己人？誰可能是搗蛋鬼？頻繁地跟直屬長官保持順暢的溝通，充分了解老闆的目標，因為有老闆的充分支持，會比較容易讓團隊順利運作起來。通常企業也會容忍新手主管有個「適應期」，這是用來收編、搞定部門員工，並且展現自身領導能力的過程。而這段期間，「業績達成」可能並非是新主管「到職初期」最主要的目標。

我突然想起禪宗的一句話：「若你遇到劍士，拔出你的寶劍；若對方不是詩人，就不要對他吟誦詩歌。」畢竟**職場欺凌可能來自四面八方，沒有資訊來源管道，就很容易被欺瞞**。

直球對決不迴避，找尋機會輕鬆對應

進入一個新環境，從霸凌者的心態來看，老鳥為什麼要霸凌你？

很多時候其實在於他的「掌控慾」，霸凌者常常有「一定要佔上風」的心態，而無法就事論事。原因就是，如果他輸了，他感到被破壞的是自我傲慢的錯誤認知。初入職場時，遇到習慣霸凌他人的人，如果直接跟他對決，很可能會產生不可收拾的情況，因為你挑戰的是他的「自我形象」，他誤以為這種別人服從他的狀態，就是他的影響力和能力。

心理學家建議，在遇到霸凌者時不要迴避，要找到機會對應。就像習慣辱罵屬下的上司，倒不一定是他有多厲害，或許這只是他「心虛」的表現。

聽過許多人跟我描述：早期很多傳統的職場人，在跨入網路時代後，也會喝斥或辱罵比較熟悉網路的新生代，其實這是因為自己不熟悉新技術、新平台及「自己可能被取代」，進而產生「焦慮」！因此，傳統派可能會以辱罵、恫嚇威脅新生代下屬，藉以保有自己的地位和權威感。其實這些人雖擁有高職位，卻沒有應付新局勢、新技術的實力，所以當時代改變，他們的技能和管理無法跟上，新任務最終還是做不起來時，就算一時使用暴力排擠新生代，最終仍會失去工作。

他們的自信心就像膨脹的氣球，一戳就破。當他們發現若繼續這麼做，遲早讓有能力的人鳥獸散，他就會因為毫無工作成果而被公司放棄，若早些看透這種後果，他們也許可能會收斂或改變作風。

所以，面對這類霸凌者時，只要保持自己內心堅定即可，不要被強勢或無理指責影響。

小心「煤氣燈效應」

心理學裡有所謂的「**煤氣燈效應**」，那就是一種心理操控手段。「煤氣燈效應」是指：加害人「故意」損害被害人的自我形象，例如無情指責被害人愚蠢、幼稚、無能、多疑等，當被害人因為信服順從了加害者（他信服的往往是權威人士）的說詞，懷疑自己既有的信念，失去自信，因而更被加害者操控和利用。

所以，當遇見職場的霸凌者時，雖然不用一開始就正面對決，但保持內心的堅定與自信心是必要的。

而甚麼人容易受到「煤氣燈效應」影響？

答案是，**愈是懂得替他人著想**、**誠實負責**、**親和力強的人**，**愈容易被霸凌者認定是好操控的對象**。因為這群人不會這樣對待他人，所以難以想像會有這樣的加害者出現，所以反讓自己最常碰到霸凌者。

明白這一點以後，你就會比較容易「預防」自己心裡受到傷害。

反觀霸凌者缺乏理解他人的能力，他們只是忙著尋找好控制的對象，所以面對霸凌者越界的行為，你不用跟他們說道理，因為他們聽不進去。但你若是不幸碰到霸凌者，你的態度要堅定而冷靜，這樣一來，霸凌者反而容易放棄，轉換目標，他們會改變策略去尋找下一個目標，因為他會感覺到你不像表面上看起來這麼好惹，為了怕惹禍上身，他反而會收斂。

最後提醒大家，一切還是靠你自己的性格去反轉局勢，不要一開始就被認為是霸凌者好下手的對象，這是為什麼即使環境窮困很需要這份工作，也不要輕易表現出不安。另外，通常有禮貌、親和力佳的人，因為容易受到主管重用，因此成為有心人士下手的對象，所以初入職場，展現「為人著想、誠實負責、親和力強」的「人設」雖沒錯，但也要適度表現自信和堅定氣場，才能一定程度地迴避不懷好意的負能量親近……

理解霸凌者是「不講道理的」

霸凌者只是用兇惡的態度來震攝他人，是一只膨脹自己的紙老虎。若他是公司的大老闆，你就該理解，這個公司是無法留住好員工的，企業經營肯定難以成長；若他是主管，員工可以隨時離開或陽奉陰違；若他只是同儕的老鳥，應該樹敵頗多，且容易被排拒報復，這時候，你可以慢慢尋找盟友。

再者，職場上最需要的還是創造自己的「核心能力」，也就是替企業「創造價值」的能力，你要早點讓自己離開不利於己的環境，切忌同流合污。就像一群螃蟹擠在鍋子裡，只知傻傻地互相踩踏，但你若能早早展現能力，爬出鍋子，就能遠離同夥的踩踏，站在高處，不需要藉由互相踩踏，無謂掙扎。

最後，必須了解霸凌者通常走不遠！

這是一個合作的時代，你要**想辦法展現自己的實力，拉開與霸凌者的距離**。選擇遠離，另覓戰場，也不失為一種好方法。

吃瓜看戲去

創造核心價值，增強職場激耐力

職場霸凌者永遠走不遠……，若能及早展現實力，站在至高點，遠離同儕之間的踩踏，拉開與霸凌者之間的距離，你便得以保全。

2.6

職場權與情，混淆即入坑……

在辦公室裡，兩人發生感情，被害人往往不容易意識到危險！
而當自己身陷其中，權力較弱的這一方，
通常就是被犧牲的祭品……

故事一：

女子J，三十幾歲，長得很美，學、經歷都相當不錯。只是目前的她剛結束一段不適合的婚姻，順勢換了一個城市工作，故而應徵了某上市公司的新網站主管！

無論是事業或感情，她都打算要重新開始自己的人生……

新網站剛成立，百廢待舉，想要成功本就不容易，必須投入大量時間、心血！J擔任這個職務，工作本身就有難度，焦慮在所難免！（而且據說，她曾因離婚時感情受挫，罹患憂鬱症。）

巧合的是，在她上任公司的新網站主管時，另一個空降主管（副總P，男性）出現了！雖然副總P不是她的直屬長官，但因為離婚了（兩次）又是職級較高的長官，自然成為J工作上的「導師」，兩人經常討論工作，交換心得……

下班後的晚上，有些同事經常在距離公司最近的捷運站外的咖啡廳見到倆人開心的聊天。此時男未婚、女未嫁，旁人自也沒什麼好說的。只是半年後，J負責的新網站沒有太大成長，但卻傳出她跟人事部另一位美女職員在辦公室大打出手……

＊　＊　＊　＊　＊　＊　＊　＊

故事二：

記得我十幾年前兼任某捷運報總編時，我的職級僅是大網路公司的「經理」。某日，空降一位官階比我大很多的「C協理」，他主要是負責捷運報廣告的銷售等業務。

斯斯文文的他看起來很親切！到職不久某天早上，他笑嘻嘻地走到我旁邊，當著大家的面，把手搭在「跟他完全不熟」的我的肩膀上，笑著說：「明天下午，妳陪我去見客戶吧！」我其實很不喜歡C協理這個動作，畢竟我跟他完全不熟，幹嘛裝熟？！

於是，我「靈巧」卻堅定地避開他的手……

然後我還是很客氣對他說：「不行呢！明天我要去電視台，已經約好了！」而且，心裡的旁白是「見客戶不是我的工作呀！」

沒想到，這個斯斯文文的高階主管忽然臉一沉，說：「我看妳，覺得自己快要飛上天了。」

（哇！變臉好快啊……感覺有點恐怖）那時候的我道行也不高，我也有點怒了。我冷冷地對他說：「對，我快要飛上天了！那，您想怎麼樣呢？」

他可能也嚇一跳我的冷淡反應，可能有旁觀者他也沒面子……於是，他悻悻然走開……

（我好像得罪高階長官了……哈！）

要不然怎麼辦？

我一開始就閃躲，好過被他吃豆腐！更何況，我的工作蠻重要的。而他會這樣手來腳來，我推估，應該是常常食髓知味吧！（C協理顯然對自己的魅力有誤解！）

後來一年，他始終沒有業績也就罷了，聽說還多次在自己的辦公室，吃了不少女同事的豆腐……傳言陸續傳出……

在這間業績掛帥的公司，他當然混不了多久！不過，應該也有被他騷擾的受害者……還不少！

碰到這種會試探妳底線的人，我覺得，表明自己的「立場」，還是蠻不錯的……雖然不一定要當場嗆他！

＊　＊　＊　＊　＊　＊　＊　＊

故事三：

前不久，我做職涯諮詢時，碰到一個能幹的女孩子。她在某公司做了五年國外業務，成績很好，但她卻忽然放棄了！

我心裡正想著好可惜啊！豈知她忽然眼眶一紅，告訴我說：「老闆很重視我，薪水也很好，這些國外歷練也非常好！但有一天加班時，辦公室沒有其他人，而老闆的爸爸突然出現一把抱住我……！我驚嚇大叫，趕緊跑出來……」

她之後辭職了……

她沒有告訴任何人，自己為什麼要離開這間公司？

而每個人都覺得，她實在真可惜！

我跟她說，妳沒有做錯，遇到這種事情，放棄工作不可惜，不要害怕！妳過去的那些很好的工作經驗和經營過的客戶，加上妳漂亮的履歷，絕對能讓妳輕易找到其他好工作！

＊＊＊＊＊＊＊＊

辦公室戀情，這池春水不要也罷……

是男人太壞？還是女人太傻？

職場上，這種因「權」、「情」混淆而傷害彼此職涯發展的情況，還真的不少！

像以上這種事情，這到底是男人太壞？還是女人太傻？還是各有各的企圖？

總之，醜聞爆發後，大家都沒有好下場！

但為什麼還是經常發生？

或許，這就是人性使然……

只是在職場中，到底能不能談感情？

我想說，若想在職場上成功發展，辦公室戀情其實很「凶險」。

因為，要把工作做好，已經需要投注大量的心血！如果你的位置不錯，更是容易成為競爭者的攻擊目標！在辦公室裡談感情，常會讓人分散注意力，難以專心在工作上與對付敵手！尤其是對公司內部的某些人若產生特殊情感，或產生較深的友誼，往往會讓自己在下決策時，因為私人感情而讓問題失焦，最後導致失敗！

而回到第一個故事，談的是「職場的感情糾紛。」

你問我：「在職場中，到底能不能談感情？」現代人這麼忙，在同一單位找對象似乎也是比較方便的。坦白說，我曾經擔任同單位兩位部屬的證婚人，所以，辦公室戀情也是有「少數」好結局的。

不過我還是想說，若想在職場發展成功，在辦公室內談感情，實則「困難加凶險」。因為要把一份工作做好，已經需要投注大量的心血！如果你的位置不錯，工作任務一定是蠻艱難的，這時若分心談感情，很容易判斷失焦，成為競爭者說閒話的目標！

在辦公室談感情，常讓人注意力分散，以致難以專心致力於工作的成長，也會因為感情羈絆難以完全公正，於是，很容易累積敵人！尤其若是對公司內部的某些人產生特殊情感，或是羈絆較深時，很多決策就會因私人感情有所偏倚或失焦，若是工作成功了，可能無礙，但若失敗，私人感情可能就是明顯的大瑕疵！

一旦工作失誤，你的「感情」或僅止於「朋友」的交情，就會變成被攻擊的大弱點，或是因為私人感情犯錯，最後只會後悔莫及……

很多公司是不允許內部談戀愛的，或是乾脆規定戀人不能在同一部門工作，就是企業人力資源部門會擔心組織內「私人的感情」，造成組織內有人聯手「欺上瞞下」，聯手勾結的情況，對組織造成傷害！所以，兩人在同一個公司談戀愛，大多數的情況、至少「其中一方」可能要有戀情公開後「準備離職」或是「換部門」的打算。就算是「正當談戀愛」，也會產生工作上的麻煩，何況組織內有不少藉由「權力」來玩弄、欺騙女性感情的例子！即使故事一的P這種是單身高層，但藉由職務之便想要藉機獵豔的人，真的是蠻多的！而故事二的協理，這種已婚卻職權騷擾的也有！

他們可能是自覺「擁有權力」，就可以對其他人產生魅力或控制！於是，當人「有心為之」時，很容易發展出不正常的男女關係……

但其實也有女性主管玩弄部屬的例子，記得電影「桃色機密」中，女主角黛咪摩爾便曾飾演這種角色，上演女主管騷擾男部屬的情節……只不過現實情況中，女性主管玩弄男部屬的例子相對少見。

這就是所謂「職權騷擾」，但若不小心陷入，感情開始時，被害人往往不一定能夠意識的！或是當身陷其中時，權力較弱的一方，往往就是隨時可能被犧牲掉的可憐蟲。

被騷擾了，要替自己討公道，需要蒐集「證據」及有「申訴管道」。一般來說，蒐集證據有難度！像是故事三中，騷擾者是「老闆的爸爸」，加上當事人沒有證據，所以更難辦；遑論老闆應該也不可能站在她那一邊的……

請記住，老闆不一定是正義使者。

他也會選擇對自己有利的。

但即使如此，在有些公司裡，申訴還是管用的。但有些公司，老闆忙著賺錢，對這種事往往是睜一隻眼閉一隻眼！特別是如果「騷擾者」對公司很有用時，例如業績好、掌握公司一些機密等，公司可能反而會替騷擾者擦屁股，被騷擾者的正義，便可能無法透過公司來伸張。

最後，這個跟以上的故事都無關，但是很重要。

請大家不要誤判自己「跟上層關係很好」，就以為可以隨便行事！

職場上的私人情誼，容易被一方誤判。

有些人會覺得，既然主管跟我關係好，他一定會罩我！

這是典型的，**對有權有勢的親友產生的幻想**！

姑且不論別人是不是真的跟你很熟？或是很有交情？你必須知道，在職場中就是會有各自的利益和立場。一旦利益產生衝突，他會為了幫你來放棄自己的立場嗎？

通常，利益產生衝突時，他不會、也不必放棄自己的立場！如果他沒有為你放棄立場，你因此被甩開、被犧牲，很大的可能不是他無情，是你「一開始就想錯了」。

你高估了他人的情誼。

這個世界不是「你對他好，他就對你好的」，也不是「有權有勢的親友就必然幫你」。**職場上最好的友誼是，盟友關係」，在組織共同目標下的互利共生，可以經由互相幫助，共同成長！**

至於，如果你想在公司內獲得「感情」或是「性」？因為你的出發點已經違背了職場發展，對於你自身的職場生存與進步會有凶險阻礙，特別是公司如果不是你爸爸開的，難度肯定相當高！

吃瓜看戲去

公司發布「禁愛令」，合理嗎？

其實《勞動基準法》並未禁止員工之間談戀愛，因此公司若以違反「此一規定」做為理由來資遣或開除員工，這就是違法 。企業若要迴避利益，可從個案著手，把關係人調開後，不要直接參與有關的工作內容，這或許是個好辦法。

Chapter 3

職場宮鬥 Part❸

心理也要「做重訓」：面對侮辱 vs. 蔑視傷害

3.1

張弛有度，職場作戰分場景？

許多人誤解「職場競爭」的意思，
這不是「你死我活」的場景，非得有人「立即淘汰」不可！
這讓人活得像刺蝟一樣，很累，卻沒有實質表現。

若問你是否明白「職場競爭」的涵義，你會怎麼說？

像知名韓劇「魷魚遊戲」描述的「你死我活」，爭到最後就是有人要被「立即淘汰」！這種只用「手段」消滅對手，對實際工作要求反而不上心者，最後也無法達到上級要求的績效。

做不到上級要求的績效？結局當然不會太好！

前面章節提過的的洪副總，就是這種類型。

所以，一個人用「你死我活」的角度來看待「職場競爭」並不好，因為這讓人活得像刺蝟，很累卻又沒有實質表現。而且，一直想著「你死我活」的人，會忽略到職場競爭中最後的「勝利者」往往是有「自己的隊伍」，也就是會有「盟友」的團隊領導者。事實上，職場競爭通常不是一對一的競賽。

在職場中經常是「團體賽」，透過合作才能勝利。

畢竟「赤手空拳打天下」要贏很難，打群架勝算比較大！

所以，職場上選擇當個「刺蝟」，實在不是甚麼厲害腳色。視職場競爭為單純的「生死遊戲」，每天想著「幹掉潛在競爭者」，最後渾身是刺、老想要攻擊別人，結局就是沒有人要靠近你或幫你，在職場競爭中自是更不容易成功。

「競爭」真正的意思是「這場比賽有輸有贏」。

職場競爭中的「贏」，可以獲得晉升、獲得酬賞。

自己有所進步或收益就是贏，比賽中，「贏家」通常有獎品，或是拿到「可以繼續比賽」的權利。不幸輸了，可能只是沒有好獎品；也有可能無法進入下一輪比賽；或只是暫時只能站在旁邊涼快（但還是存在著……），只要還在路上，就可以等著下一次上場表現的機會。

只要你還在路上，就是贏家！

而職場競爭有各種場景，在面對各種情況時，對應的行為及策略也該各有不同。

場景1：你在職場的「每一天」

說起第一種場景，不意外，就是「你在職場的每一天」，在職場的每一天也是一種競爭，但此時看起來更像是伸展台的「走秀」。你在職場的每一天，旁邊都有人在看，但你不一定會意識到旁邊有人在看。而旁邊的人默默地評價估量著，以後要不要跟你合作？

這時候要注意的是「你每天在職場的形象及表現」，這些基本功夫你到底有沒有做好？不只你的主管在看，另外，跟你合作的同事在看，跨部門的同事也在看。你的日常競爭，表現在你一般工作任務的完成度和完美度，而且不只工作成果本身，還有你做事的態度，例如工作積極性，這些都在職場的「每一天」顯現。

在職場日常競爭中，不遲到早退、態度積極進取，對工作結果、完成時間負責任；還有你的外表合宜、展現合作及正向態度，雖然它是每日默默進行的，但只要做好了，旁人就為你按讚、給予高分。職場的「每一天」默默進行，雖說是日常，但是實則就是你領這份薪水的基礎原因。

但是，職場的「每一天」也會有突發狀況……

突發狀況，有人稱之為職場「隨堂考試」。

工作中意想不到的突發狀況，這時候需要靠經驗的累積、工作實力甚至熬夜加班去應對「職場的隨堂考試」。考得好不好，結局差很大。舉例來說，當我擔任上市公司公關主管時，那時，應付以引領話題為報導特色的水果日報記者，是我最需辛苦經營的對象之一，所以「每天」，我都在跟他們交朋友。

那隨堂考試又是甚麼？例如，三不五時必須面對水果日報接到「負面爆料」來取材。

這時，媒體記者的目標是以拿到一些不論真偽卻足以爆料、聳動的素材，這又跟他們的績效有關。而且他們來公司找公關發言人（我）之前，標題可能都已下好在等了。而我這個企業公關主管的目標，基於必須保護公司的立場，卻是不能讓媒體報那些聳動的料。此時，「我的工作目標」和一向交好的「媒體朋友」目標，雙方是背離的。

即使目標背離，但身為公關主管是不能得罪媒體的。

這種情形，就是我擔任公關發言人時的職場「隨堂測驗」。

這時候，必須花數倍時間和耐心應對，甚至要提供一些對公司沒傷害的「新素材」讓媒體朋友可以改變標題，但又可趕上截稿。

我每次處理好「職場的隨堂考試」，也不期待老闆給予立即的獎賞，因為這是擔任這個職位的職能及目標。若已盡全力卻仍無法有完美結局，老闆勢必會不滿意我的工作表現，但如果已盡力，我也會提醒自己不用太自責，就當作是一個寶貴經驗。

面對職場的隨堂考試時，你的經驗累積加上為人處事抱持的正向態度，會讓你和其他「潛在競爭者」顯現出「差異性」，這也是很重要的積累。以綺綺為例，因為她在職場的每一天都顯現出為人處事的細心與體貼，工作積極態度等正向特質，讓她在後來面臨「職場變動」時，貴人和「源源不絕」的新機會便開始出現了……

場景2：比較正式的職場「小戰役」

這比較像是「**週會**、**例會**、**季度會議**」這種場合，在發生前通常會有一段時間準備。此時必須「清楚的呈現工作成果」，而且會有一大堆觀眾睜大眼睛看，所以這時不只要認真展示工作成果，還得好好打理外表，畢竟經過幾次的事前演練，你必須武裝其他人的挑戰或「挑剌」的心理準備。

這是因為重要人士都在場，你的報告及資料準備必須更認真處理，現場有不同部門的主管，當然還有自己的頂頭上司或更高階的老闆。

我印象深刻的打仗場景是剛到中國大陸工作，在知名大型互聯網公司主持第一次季度會議。那時公司還在外地訂飯店，讓我們這些主管做兩天一夜的報告。

剛到對岸工作時，面對來自四面八方的菁英人馬和在地勢力，我一個台灣去的女子，非常容易被淹沒在一群強勢、口才好、能表現的人群中。所以，第一次的季度會議，就是我的第一場小型「插旗戰爭」。如果表現好，就可大大提高我的能見度，贏得他人的矚目或尊重。由於我是負責該公司品牌經營的市場部總監，記得那次，我準備了有創意的投影片內容，用生動的肢體語言及清晰的執行方法表達，跟其他部門一板一眼的報告，相當不同。

我記得，當時不僅得到老闆的褒獎，並在季度會議結束後，有幾個部門主管主動來跟我聊天，表明未來想要跟我好好合作的善意……

因此我得到了不同部門主管的關注，後來的日子自然就比較順利了。

另一種小戰役是，**面對你的主管交代下來的「一個任務」**！而主管很在乎這個任務的結果。小戰役的另一種形式，像是企劃一個「周年慶活動」。

這段時間的業績，就是明確的工作指標。

我在人力銀行擔任行銷公關部門主管時代，每個月都會企劃至少一個「職場趨勢記者會」。這個任務的 **KPI**，是記者會現場有多少媒體來？然後引起多少「正向的媒體報導」？畢竟媒體報導等於是企業免費的廣告，而媒體效果甚至比買廣告還好。長此以往，既讓公司擁有「職場專家」的品牌形象，也可以促進業務的提升。

因為人力銀行的記者會總是貼近上班族關心的議題，該公司展開的記者會幾乎每次都來了數十家媒體，媒體報導自然多，所以當時我們公司的行銷費用，相對比其他競爭對手少很多，但行銷效果卻更佳。

記得剛開始，每次記者會都很成功，老闆雖不會特別獎勵，但有時也會請我們吃一頓飯，大家都很開心。不過好日子總是不會一直來的，有時難免也會產生突發狀況的意外，這時又像是小戰役輸了……

記得有一次，記者會當天，南部發生重大的天然災害，因為死傷慘重，幾乎所有的電視台和媒體都衝到災區現場……，結果，來參加我們記者會的媒體寥寥無幾，跟以前的表現完全不能比。

可想而知，記者會結束後，老闆的臉色超難看的！

這時候老闆滿臉不高興，冷冷地要我想想：「該怎樣彌補租借記者會場地費用的損失……」

這就是「小戰役打敗仗」的場景。

不過，這種小陣仗也不是甚麼生死決戰，被老闆責怪也只好默默吞下來（雖然我自尊心也很強，被責備時特別不習慣），我也只好勉勵自己「不用太擔憂趕緊想辦法補救」。畢竟雖然是浪費了場地費和準備的時間精力，但是只要媒體之後願意報導還是可以挽救的。

於是，我就請同事趕緊準備「記者根本不必修改就可以刊登」的新聞稿電子檔及可用的資料照片，（若在這個時代，我甚至會準備好可以播放的短影片）檔案。

當天，在媒體截稿前，再寄發一次資料給所有職場線媒體記者。

果然，那幾天除了災情報導之外，公司的職場趨勢內容也有孿多媒體報導，後面幾天也有電視台到公司補拍採訪。之後，我把所有媒體報導整理好列給老闆看，媒體報導結果並不比記者會人潮洶湧時的數量差，老闆總算擠出一點笑容。

這就是我的經驗。

打小小的仗（像是記者會），贏了老闆嘉獎有限；輸了，即使不是我的錯，他也可能會責備。但我還是要告訴自己：「小小的仗打贏了，也不用太高興，因為馬上就有下次小戰役，而且老闆的要求會越來越高；但是即使輸了也不用太自責，看一下老闆的難看臉色也沒甚麼，趕緊想辦法『補救』，補救失敗的行動力比較重要。」

強大的心理素質，需要持續練習

職場小戰役中，「被老闆批評指教」很常見。年輕時的我，碰到這種壓力不免心跳加快，感覺非常緊張。但在這種時候，我觀察到有一種人特別讓我佩服。

這類人就是被老闆批評指教時，本可能因此面紅耳赤氣極敗壞，但我看到他們不僅沒有驚惶失措，反而鎮定地拿出紙筆，把老闆的批評指教筆記一下，並慎重地跟老闆表示：「關於這些問題，我回去會跟部門同仁討論，盡快跟您報告解決之道……」由此可見，他們並沒有把責罵往心裡去，而是鎮定地應對這種壓力！

我當時就感覺到，在職場上出糗或被當眾訓斥，雖然很沒面子，但也「絕對不是滅頂之災」！**先保持鎮定，把壓力往後移，給自己緩衝的餘地，非常重要**。職場戰役中「保持內心自洽」是一件重要的事情，這是一種保護內心的盔甲，需要好好練就。

我發現，**面對批評指責，仍然維持內心自洽的人，反而在職場活得最久！**

這是為什麼呢？

職場上的「批評指責」往往都在，很多時候未必公平，若是太往心裡去，批評指責就可能變成「壓垮駱駝的最後一根稻草」。面對「批評指責」，你可以檢討卻未必非得「入心」。**有時「不入心」，反而保留較多的心理能量，也就有了繼續再戰的底氣**。中型戰爭經常是持久戰！所以那些總是能維持「內心自洽」的人，等於穿上了刀槍不入的金絲軟甲，不容易被傷到、倒下來。

職場競爭的關鍵時刻

職場競爭的關鍵時刻就是進入「大挑戰」，這時最考驗實力。回頭想想，一個人在職場生涯中「關鍵時刻」畢竟有限。不過像這種「打大仗的關鍵時刻」，就是一個有明確目標感的時刻，而且可以帶來明確的回報。

我必須講，除了你的工作技能和經驗累積，「人脈」也是非常重要的實力。進入「大挑戰」時，「人脈」就要拿出來用了！這時你所有的動作，都應該朝著「邁向勝利」的目標前進，你要發揮實力，你要拿出累積已久的人脈來用。

但何謂「大仗」？

通常是由老闆來定義的。

「打大仗」贏了，一般來說收益大，而收益就是提高職位和提高薪資、給予獎金！

這類場景像是甚麼呢？

例如我年輕時進入外商廣告公司擔任執行創意總監英文秘書，當時廣告公司的比稿都是拿外商客戶的年度預算，而當時外商公司的年度預算，少則三千萬，大則破億。這時候，不會講英文的執行創意總監雖能提出好創意來比稿，但還是要用英文跟外國客戶充分溝通。這時，對外國客戶的英語提案，就由我代勞。

當時只要對外國客戶的英文比稿成功，可以幫公司拿到幾千萬、上億的訂單，這對剛升遷的主管（執行創意總監）來說，當然屬於「打大仗」的階段！

不過他的英文不行，這就是他的弱項。

大將軍往往也有弱項，所以真不能單打獨鬥！

當時我年紀輕，並不知道年度比稿（爭取客戶）對廣告公司是多麼重要的事情，我只是當一個「活的翻譯機」。我用心地把主管（執行創意總監）的創意，用英語好好演繹出來，細心翻譯、回答客戶疑問。因為入職第一個月就拿下客戶，替總監立功，故而三個月後，我就被加薪百分之十，並且立即升職成為創意部特別助理。

我那時候並不知道自己正在幫主管「打大仗」，只是覺得要盡本分。所以對所有人都很兇的他，一向對我是不錯的！

主打大型陣仗，價值飆漲

一旦協助公司打大仗勝利了，通常老闆也會給予明確獎勵。

後來遇到的大仗，像是在人力銀行初期，跟水果大報的人事分類廣告的合作，讓我印象深刻。這對當時還很小的我們公司來說，和水果大報的人事分類廣告聯名，是多麼好的免費廣告！但我們也必須攜手，「每日不停歇」的把五頁職場版面生出來。

「做內容」對我來說不是甚麼難事，但做出漂亮「版面」則需要設計部的協助，可能需要大量的加班。一旦成功，公司就有三個月免費的日報五大版的宣傳，這是多麼有價值的事情！

當時沒有人要接專案經理的工作，我卻硬生生接下了。專案經理必須懂得整合資源，跨部門溝通。記得我當時也受到設計部主管的刁難……而努力到最後，我還是達成目標，雖說過程中曾對刻意刁難的對象低頭、道歉，但為了打贏大仗，我依舊願意低頭哈腰（哈哈！身體跪，心裡不跪……）！

那麼，還有甚麼是「打大仗」的場景呢？

例如，還是在人力銀行行銷部時代，護國重量級的企業要在兩個月內招滿三百五十個來自台大、成大、清華、交大等一流科系出身的研發工程師，這種任務難度很高，但完成的話，公司品牌收穫以及實質金錢收益都會很大。不過，對方嚴格要求資格的好條件求職者本身人數就很少，而他們可以選擇的工作機會卻很多！人才難求、時間緊迫，這必須透過兩家公司行銷、公關、整體包裝的配合來挖角……吸引有意願又合格的工程菁英加入，並且引進獵人頭部門做慎密篩選，才能達成任務。

這很難做嗎？的確是的，但做成了收益很大！這肯定是一場「大戰役」。但只要做成了，對公司的品牌效益、優質履歷表數量及實實在在的金錢收益，都大有好處。

這就是我定義的「打大仗」。

記得當時，沒有人要接專案經理的職務，所以一路推到行銷部我的眼前。

我認為這種戰役是「需要從上而下的意志貫徹，還有各部門的協調及共同作戰」才能成功，所以我請求（要求）老闆給予全力支持、然後接下任務。

職場上的打大仗，其實跟歷史上真正的戰爭，也是需要從上而下的意志貫徹，還有各部門的協調及共同作戰才能成功，這種邏輯是一樣的。這時候，擔任PM（專案經理）的人必須擁有實力，而實力包括訂定策略、領導力、整合資源、跨部門協調能力，還有向上管理。這時難免也會碰到與你不對盤、想扯後腿的人……。此時，屏除個人好惡，用對方法說服對方攜手合作，成為戰時的「聯手」對象，也是必要的工作。

以上講的「打大仗」是指在企業裡的一致對外，老闆不會容許內耗的，所以即使有嚴重的部門競爭，老闆也會出面協調、整合兵力。

這就是對外的大仗。

至於，在企業內部是否也有打大仗的場景呢？

有的。

例如主管「爭取更高職位」時。這時候，過去的表現、實績、跨部門領導能力、與上層的關係、外頭的社會關係等，都會被一併評估考量。而其中有一點最重要的就是與關鍵人物（決定升遷誰的那位大BOSS）間的合作關係及互信程度，這都是從每一天加上打小仗加上完成過大任務累積而來的。

這可都是過去長期逐步累積而來的結果。

一步一步累積就是持久戰，而你的底氣來自於日常和打小仗的階段。你過去的能力展現、態度、人脈、關係等都變成這場對內大仗的武器。這時你會發現，你過去的「一點一滴的表現」茲事體大。雖然高層主管未必希望所有員工都一團和氣（畢竟一團和氣，同事之間也失去競爭欲），但是上層也不希望屬下每天像個鬥雞一樣老想要輾壓別人、製造衝突，因為他的工作不是要替屬下之間解決紛爭。

上層老闆在看甚麼？

他在看你的工作實力與人際技巧，然後看你能幫他解決甚麼？決定要不要給你資源或職位。所以職場競爭是一個動態的過程，往往不是一次定勝負，你過去勝了，不代表你永遠勝利；過去失敗了，也不代表你會一直敗下去。

留得青山在，不怕沒柴燒：這靠的是「心理素質」。做人留一線，日後好相見：這講的是「人脈累積」。這兩句話，在職場競爭中很好用，送給大家。

吃瓜看戲去

山水有相逢，批評指教別「走心」

面對「批評指責」，你可以檢討卻未必非得「入心」。有時候，「不入心」反而保留較多的心理能量，也就有繼續再戰的底氣。

3.2

明辨敵友、斷捨離——突破重圍獲取利益，成為關鍵節點

自認為已是老鳥，所以不會受騙？
錯！
對自己越有信心，越鐵齒的人，往往越容易受騙！

年輕時可能因為缺乏經驗，輕易信任他人而受騙，孰不知，年紀大了也可能誤判情勢，誤上賊船而受騙，被傷害！

身邊這種案例也不少！

張先生是一流學府畢業的高材生，一畢業就考進外商銀行，一路做到經理，長久以來收入很好。他對自己的自信是很足夠的！

但是當他四十歲時，他所屬的外商銀行撤出台灣，所以，他也沒做錯甚麼事情，就忽然失業了。

四十歲以前，他一直是媽媽最得意的兒子、丈母娘眼中最得意的女婿，讓老婆孩子吃好用好。但是因為公司撤出台灣造成的無預警失業，讓他覺得丟臉又焦慮。其實他原本是可以跳槽到其他銀行工作的，但之前那家外商銀行的福利、薪水都高出本

土銀行很多，他覺得中年以後面試的每個銀行薪水福利都不滿意，這時心中緊張焦慮，頭腦就不清楚了。

他覺得丟臉，再加上不能讓親友們失望的龐大壓力，還有中年危機感，他很著急地想要找到下一份可以讓他揚眉吐氣的工作。這時候，一個久沒聯絡的高中同學找上他，他跟張先生說：「現在網路公司正夯，我們來合夥，給你當董事長，我當總經理……」

聽起來，張先生馬上可以當網路公司董事長耶！！而且是科技業董事長！聽起來比外商銀行經理更大呢！這樣多麼有面子！

那麼一來，失業的挫敗感、低落的自信心……面子就掙回來了！

張先生一口氣就拿出了一千多萬（包括外商銀行退職金、以前的存款……其中還有一部分是說服父母親、岳父出錢投資的），然後，他終於風光地去當科技公司董事長了。

但這根本是個「坑」！

這家網路公司一直燒錢，擔任總經理的高中死黨每天開 BMW（用他的錢買的公務車）應酬吃大餐、喝紅酒，而公司空有個漂亮辦公室，根本沒有在好好營運。一直燒錢的結果，就是上千萬資本很快燒光光了。這時，這位身兼總經理一職的高中死黨還是嬉皮笑臉，甚至跟張先生說：「經營高科技公司啊，哪有公司這麼快成功？」要他拿更多錢投資……

但他真的沒錢了！

後來，張先生的老婆因為太生氣，索性帶著兒子離開他。

* * * * * * * *

當你出現弱點，這時最容易被騙

天底下所有的騙子都是「玩弄他人情緒情感」的高手！

哪種情感情緒最容易被操弄？

答案是**當你出現弱點時最容易被騙**。

像是工作失利時產生的焦慮感、著急情緒、或愛面子的心態；或是你很急功貪利，想馬上得高位、賺大錢。而你的弱點一旦被看穿，就很容易變成別人下手的對象。

那欺騙他人的那一方呢？

要欺騙他人成功，通常都具備良好口才和自信態度，他們以具有感染力的三寸不爛之舌來迷惑你！通常也會催促你，表達這是千載難逢、錯過不再有的機會，讓人沒有時間花心思去調查思考，產生「錯過這個機會，實在太可惜」的心態！

騙子因為有明確的目標，他一定會說服或是煽動對方：「如果不趕快做決定，就來不及了」，這種說法讓對方失去理智，也來不及詢問各方意見，故而在未打聽清楚的情況下，傻傻地拿出資源、金錢和人脈等，投入陷阱中……。

我認為這種人屬於「專家型」騙子，可用三寸不爛之舌及自信（話術）攫取金錢。這些人的特徵多半是（一）看起來是某領域的專家、（二）口才很好、（三）人際關係不錯、（四）說著一口成功經歷。

他們會以舊識、朋友之名，接近你，設下圈套……然後你會以為他是舊識，是朋友，但其實你跟他根本沒這麼熟！他們的目標對象就是焦慮、緊張、求快的你……。

特別是三明治族的中年人，當事業遭逢瓶頸時，自身的挫折感加上面子問題，若身邊還有太多需要照顧的親人，這時往往就會想要快速翻身……！這時候就特別容易被以專家、好友之名靠近，但卻是行詐騙之實的職場夥伴欺騙。

不可不防，以專家之名的心理操控

我相信有很多人願意與人為善，也願意無私的幫助他人。這種人，我們稱其是「好人」。不過好人往往比較容易被身邊認識的人傷害和情緒勒索，好人堅持自己的清白無辜，反而容易輕易交出手中的錢財或資源，讓有心為惡的人白佔便宜，變成「不折不扣的笨蛋」。

「好人」被騙了，還會覺得丟臉，所以選擇硬生生地嚥下去……以致於讓壞人有了「再騙下一次」的機會！

這是怎麼做到的呢？

＊＊＊＊＊＊＊＊

二〇二〇上半年，我曾陪著某個很要好的藝文界朋友W去吃中飯，席間還有個念犯罪研究所的新朋友當陪客，大家相談甚歡。吃到一半，W說要去個小出版社拿回她疫情期間辛苦完成的「音頻課程」合約……

我感覺W其實有點火氣，問她怎麼啦？

她表示，因為預計十五天後這套費力製作的音頻課程就要出版上市，但就在昨天，對方忽然發e-mail告訴她，出版社因人力不足，無法做最後的修改，表示「但這麼好的作品應該趕緊出版，所以願意讓其它公司接手……」W一聽非常生氣，覺得對方怎麼這樣草率的對待她呢？

不過她想想還是算了，雙方約好周日下午到出版社取回音頻作品合約。

我聽到這邊，建議她，當天不妨一起去吧！

犯罪研究所的新朋友也因好奇，表示想要一起去！

當我們一行三人到了出版社，出乎意料，一個應該是正派經營的文教出版機構，場地布置詭異，感覺活像是個靈堂般，氣氛不太對。

這個出版社的會議室，大燈不開，整間會議室就擺個長條桌，坐著出版社老闆夫妻倆和一個看起來陰沉，號稱是律師的人；而我們三人，便選擇在長條桌另一排，依序坐下。

然後，非常出乎意料的是，出版社老闆一開口就像審犯人一樣攻擊友人，懷疑她的作品不是原創，似有抄襲之虞……

然後，坐在一旁的律師則是全程陰陰地冷笑，質疑W完全不懂著作權法？

文化公司夫妻倆加上律師，三人聯手加上靈堂布置的場地，把一個只是約好「取回合約」的會議，搞得非常奇怪。而會議室燈也不開，直接把W音頻課程的文字稿，用紅筆畫得亂七八糟，用投影機打在牆壁上，讓整個牆面看起來血淋淋亂糟糟的，讓W一頭霧水？！

W想，這個主題原本就是我的想法，市場上也沒有其他人做，音頻的講課、內容更是我本人錄製……你們倆夫妻就是簡單與我開個幾次會，讓我使用簡單的設備錄音，到底為我付出了甚麼？

連續幾個月就出一張嘴，還畢恭畢敬，現在卻用兇惡的嘴臉大聲指責我的內容，這到底在搞甚麼？！

旁邊念犯罪研究所的朋友忍不住了，直接問：「你們的訴求到底是甚麼？」此時，對方律師拿出一張紙，上面註明要求W必須三天內付給出版社企畫費××萬、錄音費××萬、廣告費×萬，否則就要控告她違約！

另外還有一則條款，律師兇惡地表示：要W必須「立即簽下保密條款！還有，如果把這段時間發生的事情告訴第三者，則我們要求你付雙倍以上的罰款給××文化！」W很訝異，因為她過去二十年一直跟大公司合作！這次是因為這對夫妻雖然中間失聯十年，但畢竟認識許久……所以，之前夫妻邀請W在他們那裡出版上架時，這對夫妻是那麼的盛情感人，讓她無法拒絕！而且，十年前她曾經幫過這對夫妻一些忙，當再次相逢時，對方還曾經表示感謝……

這到底是怎麼回事？

亂糟糟的思緒讓W六神無主：「怎麼會前幾天還互動的好好的，現在卻忽然豹變，露出這麼兇惡的嘴臉來跟我要錢？」何況這個作品，九成以上是W自己完成的。出版方就開個會負責挑剌而已，目前作品已到了最後收尾階段，不是就等選好日期上架嗎？

W一直想，這當中是不是有甚麼誤會？還想跟對方辯解，而對方（出版社老闆）露出沉痛神色（扮白臉）；老闆娘則疾言厲色出言侮辱；律師則陰陰冷笑……（怎麼我好像在韓劇看過這個情節啊！而且這三個人的表情，真是太噁了……）

然後我抬頭看，忽然看見牆上有攝影機在偷錄影，就立即把朋友拉出了現場，一出來，我們就打給了熟悉的律師……

事情還沒了……

過了一週，朋友任職的大學收到了黑函（掛號信黑函信封上電話還是0944144414……那種死一死的威脅假電話！）；校方查核後通知W，但因為是黑函，校方不予理會。

再過一週，W曾經出版多次的大出版集團也收到黑函，要W過去說明，於是W帶著律師，把整件事情鉅細靡遺地報告了……

W兩度去警察局備案，

第一次，警察只是簡單備案……

第二次，警員很友善，認真地把W遭遇的事情打進電腦裡……警員甚至還教了幾招，讓W覺得，以前的稅金完全沒有白交。

W跟我說：「和對方認識十年，感覺很久對吧？」

但後來回想：「跟這對出版社夫妻也沒互動幾次，這段時間還是他們主動靠近我，後來甚至成為臉書好友。」

W把他們當成朋友，但對方呢？只把W當成好欺負的對象。

這對夫妻就是想要激怒W，然後讓有「好學生症候群」的W想證明自己沒錯，在決心捍衛自己名譽的壓力之下，衝動地答應他們提出的條件（付錢贖回合約！！）

實在欺人太甚！

＊　＊　＊　＊　＊　＊　＊　＊

冒充好友閨蜜，設下心理陷阱

W一開始是不相信這對夫妻是設計她的，覺得這是一個誤會。所以她前面還試圖挽回。一直到看到布置成靈堂般的戲劇化現場，再加上那對夫妻的言語羞辱及恐嚇，讓W對自己的作品也有了懷疑，懷疑自己是不是真的做錯了甚麼？

後來，到二度接到黑函，W忽然理解，詐騙可能就是這對出版社夫妻的商業模式，主要是藉由不合理的合約、未完成的作品，讓簽約作者支付企劃錄音等費用。W跟身邊的朋友訴苦，沒想到，商業界友人告訴W，這是很常見的詐騙手法；而文教界有人則分享說，這種事情在學術殿堂，特別是涉世不深、且愛惜自己名譽的教授，比較容易發生。

這是因為，很多人會覺得，一旦被有心人士潑髒水、抹黑，就已經造成名譽損失，之後要替自己伸張正義，不但會曠日廢時，也必須忍受不白之冤，所以一般人很可能就花點錢趕緊跟對方和解，盡快「贖回」作品，殊不知這樣簡單處理，反會埋下之後的隱患……也會讓壞人食髓知味。

W被「號稱老朋友」的夫妻檔騙，覺得超級丟臉！

我安慰她：「壞的又不是你……不要難過啦！」

但你難過也很正常！

有一種受害者經常有的心態，就是覺得「被騙被利用很丟臉」的羞恥感。尤其是高位的人，或有知名度的人，往往會覺得被欺騙是自己的愚蠢，是視人不清、沒有智慧的表現……，所以心裡反而非常受傷。

二〇二一年，美女立委被男友行使暴力，新聞喧騰一時，她雖是受害者，但卻覺得非常丟臉，面對大眾時頻頻哭訴說她浪費社會資源，心裡感到很抱歉。

我想說，在被詐騙、被抹黑、被傷害的事件中，妳一開始「相信別人」並沒有錯，是設計陷害你、施行暴力於妳的人有錯！

妳要克服這種覺得「很丟臉」的羞恥感，加油！

事實上，**視人不清，其心理因素可能就是過於相信「性善論」**，這是你對世界的一種看法。馬基維利曾說：「一個永遠與人為善的人，注定在眾多不善者中間自取滅亡。」所以你若是性善論者，我覺得你仍可保有對世界正面的看法及良善的本性，但是也要及早學習去認清人性的複雜，不要輕易相信他人的動機一定是純正的，他人的言語一定是正義的，即使表面上看似振振有詞……

特別在商業合作中，在前期，對自身利益必要的堅持、對合約內容的要求，這都是合理的，不要因為對方是認識的友人或號稱朋友，就輕忽合約的公平性。在商業合作上，當前面有共同利益時，「醜話說在前面」是必要的合作前提。但如果你還是被欺騙，請記得，這只是錯信他人，這是對方的惡意與錯誤，你只是錯在沒有「防範朋友」。這時，找到可以支持自己的力量，勇敢反擊對方，這才是最佳解決方案。

一個人不用主動滋生事端，但是遇到壞事，千萬不要怕事，要能了事……。

這可能是人生、職場、商業社會必學的功課吧！

吃瓜看戲去

別當小白兔，人心、動機往往複雜居多

一個永遠與人為善的人，注定在眾多不善者中間，自取滅亡。

3.3
單一視角最危險？拒當職場受害者

一旦你看起來有歷練，別人反而不容易欺負你。
別人沒有你想得那麼好。
他對你，也絕對不會像你想得那麼善良！
重點是：脾氣壞，就是人壞。

講到職場上最容易被人欺騙傷害的對象，我一定要強調，他們可能是：

第一種：初入職場的菜鳥。

菜鳥還搞不清楚東西南北，此時最容易被人利用傷害。我一直鼓勵大家學生時代就進入職場實習打工，就是這個原因。在職場打工會不會被雇主欺騙傷害？當然還是可能的。所以，如果能夠找到一個相對安全的環境（例如知名企業），所見所聞的收穫肯定比較多。而且畢業後的履歷表，也會因為已有職場經驗，相對吃香。

如果在正統的公司擔任實習生，可能因為不是正式人員，相對來說比較不會被同事針對攻擊，這時便可學到一些完成任務的底層功夫。但也可能像韓劇「未生」劇中描述的場景，實習生也可能遇到各式各樣的主管，這時你便可在打工實習階段開始學習到，如何應對複雜的職場人。

初入職場要少說、多觀察，讓自己看起來有歷練（例如反應靈敏、保持有精氣神的狀態），遇到困難挑戰時不慌不忙，讓自己服裝儀容得宜，看起來冷靜有勇氣，也是保護自己的方法。一旦你看起來有歷練，別人反而不容易欺負你。

第二種：態度消極，總是別無選擇的人。

職場中，對工作的「積極程度」是引起重視的一種特質。我常常鼓勵年輕人一定要保持積極度，這讓你能夠得到更多機會。但「積極度」和「汲汲營營」、「看起來別無選擇」不一樣。

你看起來「太汲汲營營」也會是一種弱點。

「積極度」表達的是一種對工作的尊敬和珍惜。想要把工作圓滿完成，不遲到早退，在工作常和保持一種認真努力的狀態，當工作來臨時，認真完成是「積極」的意思。而「太想要」或「汲汲營營」又是甚麼？例如對上司過度逢迎拍馬，暴露出「除了這個工作環境別無選擇」的狀態，往往就比較容易招致有心人士利用、傷害。

第三種：貌似單純、無害的人。

單純的人活像一朵白蓮花，看起來脫俗無害。但在職場上看起來太單純，其實並不好。這是因為「單純」雖是一種人類美好的狀態，但也在傳達你容易惹禍上身、被欺侮的狀態。單純的人更可能被視為「付出不求回報」。這雖是一種美德，但在以利益掛帥的職場，簡直就是以「運氣」在行走江湖。

你真有運氣一直碰到對你付出真心，懂得珍惜的人嗎？

所以在職場中，了解你的努力付出「最終要獲得甚麼」，然後以「與人為善」的態度朝共同的目標前進，這是一種比只用「單純善良」行走職場更好的方法！

特別要注意的是：在職場中只知「一昧付出」並不會得到好的回報！職場中，懂得講「利益」者才是成熟的職場人。

第四種：大齡單身女性。

經我長久的觀察，那些一直對公司拼命付出，忠誠對組織的「大齡單身」，可能是最容易被犧牲的職場受害者。特別是「大齡單身女性」會被許多老闆上司視為最乖巧、聽話的對象，當老闆要犧牲某些人時，特別是不得不裁員以減少支出時，那些「最乖、最聽話」的對象，可能就會出現在第一波裁員名單裡。

長久在一個公司工作，為了工作目標全心投入，到了四十歲生命中只有工作，對企業更有忠誠度的人，卻在進入「職場中年」時被公司資遣的人所在多有！在此我要澄清一下，並非「忠誠度」不好，因為「忠誠度」仍是很多企業在評估一個員工是否能被錄取的標準，所以經常換工作的人，往往還是會在面試時被質疑「頻換工作」的原因。不過時代變了，我曾聽過一個很有成就的老闆對我說：「現在看到一個人五年沒換工作，會質疑這個人是不是『機會』太少？」可見忠誠度的定義，也隨著時代在改變。

所以，並不是說「忠誠度」不好！而是「忠誠度」的標準可以調整一下。

這群長期待在同一個企業工作的「大齡單身女性」，往往會被上司覺得因為最忠心，可能連為自己爭取福利的能力都沒有，因此便宜行事，遇事時便會侮辱輕慢，反而淪為最容易妥協的受害對象。

第五種：大齡單身男性。

在與男性友人談及「大齡單身女性」最有可能變成職場犧牲者時，他一直搖頭，不同意我的觀點。在外商擔任高階的他認為，「大齡單身男性」更容易受騙受傷（咦，你發生過甚麼？）

聽過他的觀點，我覺得也有道理。

他說，「大齡單身男性」特別是長久在職場上有好表現、好職位的人，遇到職場劇烈變化時（例如公司裁員、產業外移等外在因素時，因為自尊心、面子的緣故，反而更容易變成憂鬱症、焦慮症的受害者。他認為，新聞上寫說：竹科的工程師經常被素未謀面的網路對象詐騙，也是同樣的邏輯。一般來說，單身的人「視角」比較單一，反而比較單純，單純的人不會騙別人，所以也「難以想像別人會騙我」。不過他又補充，若非單身，大齡男性職場人遇到職場衝擊，就更容易因為「面子」或太需要一份養家活口的收入，在面對失業時做出不理性選擇，成為被人詐騙（可能是詐騙投資、詐騙人頭）的對象。

好的，只要是「單純」或「好面子」，都可能被有心人士鎖定，成為被詐騙的受害者。

了解到這些之後，希望你能避免成為被欺負的對象！

有人說「男人的面子，就像是女人的貞操帶」。愛面子沒錯，但過度心急就反變成待宰羔羊了，不可不慎。

他對你，沒有你想的那麼好……

我的一名女性友人C，被她所信賴的老闆情緒勒索，甚至詐騙金錢。這位高學歷女性C善良美麗、能力好、忠誠度高，可說是集職場美德於一身。

她一畢業就進入這家公司，原來的老闆對她很好……

但八年後，原老闆因為個人因素，把公司賣給協力廠商（後來的新老闆A）。協力廠商（新老闆A）的條件是，希望知道公司所有眉角的C女士留下來幫忙，而他願意授予大權並給予高職位。

C女士與A認識很久，印象也不錯，而在深深感受對方重視後便答應留下，並還是全心全意投入！後來，她甚至將自己的大筆積蓄借給A，一同投入這間跟她一起成長的公司。

原本新老闆A對她也是不錯，也讓她大權在握！

但當工廠將要轉往他處，需要大裁員時，這位老闆A並不在國內，這麼腥風血雨的大裁員，就由C女士一肩擔起。而C，一個女子大手一砍，砍掉幾百人……

過程中雖然招致許多潛在怨恨，但替老闆省下大筆成本，她也覺得自己很厲害！此外，她英明神武地擔任業務、產品、人事等工作，一肩挑起管理大局。不過，大裁員過後不到兩年，新老闆開始苛待她。首先是無預警地減薪，而且講話方式越來越難聽！經常口出惡言地批評、侮辱、傷害她……從工作能力、努力程度、說話方式、行為舉止，全部可以批評中傷。

一直自認工作表現好，對公司盡心盡力的她，完全不明白A老闆為何忽然對她這麼惡劣？

至於她借給老闆A的錢？

老闆說：「等公司賺錢了，就一定加倍還她。」

在檢討自己幾個月，暴瘦十公斤的她說：「我哪裡做錯了？」不過，即使表情難受憂傷，在談起者段事情中，C女士還是一直為老闆講話：「我想他是把我當自己人，才對我這麼直接，他講話那麼難聽，是因為我們太熟，我想我也有不夠好的地方……」

＊ ＊ ＊ ＊ ＊ ＊ ＊ ＊

你看出來這個老闆的套路了嗎？

這位美麗、善良、能力好、忠誠度高，一直很優秀的C女士，從頭到尾就「不懂得保護自己」。在面對非常不利的情境時，她仍然不斷地替新老闆開脫，一直懷疑自己，這就是我在前面提過的「煤氣燈效應」。也就是說，C女士在面對她所信任的對象（她心中的權威人士、老闆）時，只要對方不懷好意地情緒勒索她，她會不由自主地否定自己原有的信念，進而產生焦慮及痛苦，而且她還會一直合理化對方的行為。而「煤氣燈效應」是甚麼？就是招致身邊的人（或權威人士）更想要打擊你，他甚至可以這麼做：

首先，**加害者刻意打擊目標對象的「自我價值感」，讓對方因此懷疑自己**。例如加害者可能會說：「你怎麼這麼差？你怎麼這麼笨？」或是「我怎麼培養出你這種混蛋……」

接著，**加害者會故意指責，試圖引發目標對象的心理困惑及罪疚情緒**。例如說「這個公司也是你的，你怎麼這麼不負責任？」、「公司都沒賺錢，你在搞甚麼？」若在發生在家裡，這個對話可能是：「我這麼愛你，你怎能可以不幫我解決困難？」或是「你對我無情無義！我要死了……」

最後，**加害者以威脅恐嚇來剝奪目標對象的安全感**。他可能會說：「你這樣我就再也不要理妳了……」或是「我會讓你身敗名裂，我會死給你看」之類，讓受害者為自己沒錯的事情充滿愧疚感，或有害怕失去手中資源的不安……這個過程中，他跟過去的態度不同！他的脾氣很壞，讓你很害怕！他一改過去的斯文，脾氣變得暴躁，然後指責你的不對。或是乾脆這麼講，他就是要讓你覺得自己有錯。

但這根本是蓄意傷害！

即便對方是你長久信任的夥伴或親友，人人都可用「煤氣燈效應」這種套路，把一個正直單純的人當成可甩鍋、隨便傷害的對象。這種想法，對長期習慣信任他人的

「好人」來說，著實很難接受。不過我想，只要認清這一點，妳就能盡快「遠離那些剝削、虐待，總是讓你難受」的人。

很多人難以離開這樣的不良關係，可能因為許多已經投資下去的〈沉默成本〉，於是在寧可欺騙自己，在理智與情感層面上都會不斷地為這樣的不利處境與壞關係，尋找合理化的理由。

若真如此，你就完蛋了！

因為實情是，他沒有你想得那麼好。

他對你，也沒有你想得的那麼好。

而且更重要的是，一個人若脾氣壞，也有可能是他故意的，你就不要替他開脫了。

吃瓜看戲去

煤氣燈效應—讓職場霸凌更加合理化……

學會盡快「遠離那些總是讓你難受、剝削、虐待」你的人。

3.4

有關係等於沒關係，換位子也要換身段

你只是不熟悉局勢，你根本沒有那麼弱。
當別人覺得你「不好惹」，麻煩反而不會降臨你頭上。
畢竟誰也不容易摧毀誰……

前面講了那麼多，唉！坦白說，三十五歲以後，我看起來就是一個「蠻好惹的濫好人」，也因此給自己惹來種種麻煩。

為什麼會有這種形象？

其實是當時擔任企業的公關發言人，每天都要面對大小媒體。做公關必須與人為善，所以，我的態度是特別好。

再來是被當時的老闆「馴化」。

在人力銀行工作的期間，我的直屬長官是個一等一的聰明人，管理很有一套。經過他長期的馴服教化（笑……），我的形象也開始變得溫良恭儉讓，習慣以溫和面目示人。後來，公司股票上市，身兼發言人與行銷公關主管，職務上更是需要與人為善；再加上我有好學生症候群，我真的很重視形象。

如今回想，我當時真的對每個人都是挺和氣的……

人會成長改變，換位子也要換腦袋

「二十來歲時，我也常因為工作跟別人吵架，自認為真理而戰，赴湯蹈火在所不辭……」自己想想都覺得不好意思。昔日常因與同仁發生衝突，造成工作職場的不順利，所以後來乾脆發狠，徹底改了。

不過後來想想，當時看起來衝動幼稚也不是百分之百壞的。至少當時我也樹立了一個「不好惹」的形象，雖然那只是「表面不好惹」的紙老虎，看起來溫良恭儉讓，但的確就有看你好欺負、隨便胡搞輕慢的人！

關於這點，我覺得表現的拿捏還需要功力。

記得當時，我的公關形象變為「溫良恭儉讓」，這畢竟是我想要的，因為這有助於我與他人的合作，收穫也確實不少。再來，跟老闆的溝通也變好，後來自然也順利升職加薪！當然，我也很享受大家「都喜歡我」的感覺，十幾年下來，自然養成一個非常好脾氣的外表，然而在我的內心深處，我知道自己並非是個好欺負的人，我也有暴怒的一面！

換言之，認識自己，其實也不錯……

回到怎樣讓人覺得你不好惹的主題。

職場上，別人來惹你，甚至霸凌擠壓，原因是各式各樣的：像是成就忌妒（成就忌妒是羨慕你的職位或機會）；性忌妒（可能妳比較年輕漂亮，尤其正值顏值掛帥時代，男性一樣會有性忌妒）；你跟他不一樣（人生來排斥非我族類）；你擋到他的財路；你造成他的威脅；你不知道的原因，造成對方不安全於是先下手為強；欺壓你的人可能只是一個打手或跟班；或他單純只是在幫他人打擊你……

基本上太難防範了。

所以我覺得，進到新環境之後，可能需要一點心理準備。因為即使你很善良，別人卻不一定這麼想。如果你看起來很軟弱、很傻，或是你「過分在乎」這份工作，甚至被人發覺自己很在意這個關係，進而表現出「缺乏自信」的一面，**過度緊張擔憂**，

很可能就會被不懷好意的人當成是欺凌、利用的「頭號目標」。

至於我的建議是，如果已有人對你進行欺凌，請盡量「不要露出害怕」的樣子。你不要輕易表示屈從於他人的淫威，需要的是冷靜面對，伺機離開現場……然後，花一點時間找「有利資源」再「適時反擊」。不過我要提醒的是：你要分得清楚，當別人指責你的時候，是你事情真的沒做好？？還是對方故意修理你，要讓你害怕？？

學習分辨很重要。

否則就會覺得每天四面楚歌，上班如上墳！

分辨軟弱跟善良的不同

另外值得一提的是，很多人被欺負、被冤枉卻也咬牙忍耐，可能是「想做好人」，也有一個「難以啟齒的原因」，那就是「我們內心太軟弱了！且真的擔心自己力量不夠」。於是，當我們被欺侮時，心裡會非常擔心，擔心如果表達反抗的情緒或不滿，結果反會遭到更大的報復！

這是真的。

就算你是相對弱勢的菜鳥、新人也是一樣，就算你非常需要這份薪水也是一樣！

成年人之間，誰也不容易摧毀誰！

你只是還不熟悉局勢，其實你根本沒那麼弱。

而當別人覺得你是一個「不好惹」的人，很多麻煩反而不會降臨到你頭上。至於如何讓自己看似優雅且「不好惹」，我個人覺得，在職場中，合理表達自己的強勢，例如講話時氣定神閒、行止穩重大方，或是保持適當的神秘感，都可減少壞人來招惹你。需知在職場上秉持端正大方姿態，時間一久，你也會有一些盟友加入。而盟友就是社會資本，也就是讓壞人「不敢隨便招惹你」的資本。

此外還有一種被我稱為「黃倒吊魚」的模式。

朋友都知道我喜歡逛水族館。水族館裡我最喜歡「黃倒吊魚」。這種魚類看起來鮮豔，嬌小，似乎一下子就被其他魚類吃掉。不過仔細一看，黃倒吊魚的尾巴，有個鋒利無比白色的小刺。

要是哪條大魚惹到黃倒吊魚？那可是會皮開肉綻的！

黃倒吊魚的兵器小小的卻很厲害，所以我很欣賞牠！牠很弱小，但是有生存武器，就可以持續美麗。

在職場上也是如此！

我想，如果你的名聲兇悍，別太在意，因為這往往可以省掉很多「被別人招惹的麻煩！」但如果你的類型是屬於溫和一派的，那就得像黃倒吊魚一樣，具備保護自己的能力，必要時還得給出恫嚇強度的一記反擊，否則只會讓人得寸進尺！

最後提醒一下，請記得，不管是在職場或生活中，當對方過份欺壓，你大可採取心理學上相當著名的理論：「戰」或「逃」模式。

先講「逃」。

何時要逃？就是「太爛的地方」，「太壞的處境」……。

這時候，即使你已經有投下沉默成本，你永遠可以果斷放棄，設立停損點，千萬別逼死自己，這根本划不來。

至於「戰」？

方法很多。

有時候，若對方太誇張了，你甚至可以報警。畢竟報警備案是不用花錢的，有時候，某些好心腸的警察，也會教你很多對付壞人的招數。

另外，我在韓劇上看到一個生活例子。

例如兩方起衝突時，有人就堅持「不先動手」。但是當對方一動手，就迅速倒地大聲哀叫！等警察來了去醫院，再對醫生說：「我被打了現在噁心想吐」，然後用腦震盪的診斷跟對方索取大額賠償……

這也是一招。

你可以不這麼做，但卻要懂得預防別人這麼做！

這可能是爛招，但好歹也是一招。

職場浸淫多年，我慢慢學會「平時不主動挑起事端，但遇上事就不怕，咱們見招拆招好好解決」的真諦。

雙方起衝突時，要防範對方可能在設計你（甚至偷錄音或偷錄影）。這時你雖然很生氣，但請切記要「語言克制」、「克制表情」，並且提醒自己冷靜或果斷離開。

這也是可以練習而來的。

既然談到水族館，我順便講一下醜醜的「比目魚」。

比目魚身體扁扁的，灰色中帶有大理石花紋，和周圍的石礫很相似。因此只要牠不動，卻是很難察覺牠的存在！在海洋險惡的弱肉強食環境下，弱小的比目魚卻不容易被吃掉……！其箇中最厲害的功夫就是「隨環境變化」，隨著海底背景的色澤而變色，像是黑色、褐色、灰色等，牠都能隨著背景立即變色，其貌不揚的比目魚，堪稱是「水中的變色龍」。為了保護自己比目魚可以一直變換顏色，可說是偽裝高手。而「變色」就是比目魚的保命絕招！

這讓我想到，在這麼不安的職場環境中，**上班族最好的生存方法就是「適應」變化，及「配合環境」改變自己**。

凶險的海洋中，小小的比目魚也是「職場生存」的示範喔！

我不生事，但也不怕事！

雙方起衝突，記得防範對方可能在設計你（例如偷錄音或偷錄影）。你或許很生氣，但請切記：克制語言、表情，並且提醒自己冷靜或果斷離開現場。

平時不主動挑起事端，但遇上事就不怕，咱們見招拆招，好好解決。

3.5

「人性本惡」是常態，挑戰 vs. 霸凌僅一線之隔

了解人性是一種痛苦，但也是一種成熟！

早上起床後，看到事業卓然有成的老友在臉書留言，他說：「幫助過一百個人，至少有五個會背叛你；所以如果你沒有被背叛過，其實是你幫助過的人太少。」

所謂「了解人性是一種痛苦，也是一種成熟！」這句話深得我心，我既認同，也被療癒……

初入社會時，一直以為跟學校一樣，只要我努力自然就有好成績；我對同學好，同學就對我好。但在社會上打拼，卻不是一分耕耘一分收獲的。做事情難，做人更難。職場上的評分不是考卷的成績，它是三百六十度的評量。如果若秉持初心、堅持著我從小受教育的理念在職場打拼，挫折感一定很多。所以，職場歷練，是從家庭、學校的養成期後，邁向社會熔爐的過程。當我們歷經複雜、度過、成長了，就從職場「小白」到職場「明白人」，也就成為能力強的高手。

成為職場「明白人」的關鍵，其實也在於「了解人性」，而「了解人性」後，你會擁有「強大的內心」，遇到挫折打擊時，你不會拘泥於痛苦糾結，反會尋找新機會及選擇對自己有利的方向。

鍛鍊「內心自洽」能力

若說得更白話一點，「內心自洽」就是「讓自己臉皮厚一點」的能力。年輕時的我是個愛面子、臉皮薄的人，所以面對外界批評指責時，總感到痛苦不已，甚至會特別想要反駁，證明自己……

光是他人刻意的「批評指責」，也不論是否公允，就足以讓我心裡受傷。心理受傷讓人容易做出不理性選擇或輕易交出資源。所以，邁向職場的成熟第一步，就是要鍛鍊「內心自洽」的能力。

「內心自洽」能力就是面對批評指責時，保護自己內心不受傷害的能力。

根據我個人的經驗和長久職場觀察周遭的人，那些學業成績相對好，或是一開始的職場走得順利的人，反而「臉皮特別薄」，遭遇指責時特別容易受傷，故而很容易被有心人牽著鼻子走……！這可能是青少年時期一直取得好成績，「缺乏外界的批評歷練」所致！

我稱這個特質為「好學生症候群」的症狀。

有「好學生症候群」的人，因為過往的學習成績好，受到老師的重視，有可能習慣於褒獎，甚至對他人的誇獎上癮，於是總想得到大家的稱讚，這其實是一種被過去的成功養成的心理狀態。之後進入職場，可能過度追求掌聲，反而不容許自己有一點點的失誤，他們可能過度在意他人指責，也很容易自責，所以總讓日子過得很累。

一旦感到被人誤會或批評，「好學生症候群」者的內心可能會立馬受傷或急著想解釋，替自己平反，有人甚至會在遭遇失敗時，直想著要趕快透過某種方法，馬上翻身……

因為心裡痛苦，反而忽略了發起攻擊的對方，可能是藉此「刻意操弄」或懷抱「惡意動機」，希望受害者自投羅網或棄械投降。像是有人只是看到網路的匿名惡意攻擊，就情緒崩潰，甚至自殺！

但是這些匿名者到底是誰？

他們或許只是在隨意抒發情緒，也或許就是要刻意傷害你。若這些不明究裡的評論就足以打擊你，你其實就是過度在意他人的評價！這些評價可能是隨意且不負責任的，也可能是對手刻意帶風向，甚至懷抱著高度惡意。

因為人一旦被潑髒水，就難免受傷，而受傷了就比較可能被擊潰，做出不理性的行為！

但想想，值得嗎？

所以，你若太過認真看待外界的批評指教，你就已經輸了！

在工作場合，不管你是多麼英明神武，沿途遇到許多批評指責，在所難免。這些批評指責，有些是真的值得參考，有些則是聽聽就好。

太過在意心中的「關鍵人物」

初入職場時，工作上會有很多不熟悉、不上手的地方，判斷也未必精準。這時候，如果我們做得好，可能會得到褒獎；如果做得不夠完美或不竟如人意，也可能會有批評責難。這時你一定要知道，在職場上，不是一次的得失就定生死，它是歷經一次又一次的的大小戰役後所組成的過程，**要在戰場上「活得久」，其實是最難的**。所以，經歷的批評指教，可以檢討改進的方法，但不需要看成生死攸關。而你需要重視的只是「關鍵人物」的看法，因為他才是真正的評分者。

「關鍵人物」通常是決定你升遷或獎勵的上司。「你必須參考關鍵人物」的意見，但請注意：不是一次的批評，就會讓你的職場天崩地裂。遇到「關鍵人物」批評指教，請記得：

消化完畢後從中獲取教訓，找到新的方法，也就可以重新出發了。在職場越久，你越會感受到，很多批評指教來自四面八方，它們不一定是真的！

往往，它們只是「不喜歡你」的人特意用來打擊你的工具。

有「好學生症候群」的人會過度在意他人的喜歡與否。你必須明白，**別人是否喜歡你不在於你「好不好」，而在於你「是否讓他滿意」。若你的存在激起他的忌妒或威脅，對方是不會對你感到滿意的！**

若你無法被他操控，對方對你是不會滿意的！

了解了這些，你就知道，你的「內心強大」遠比被人喜歡重要多了！

如果你因為別人的三言兩語就興起「大不了重新來過」的念頭，輕易放棄手中已經累積多時的資源及職位，那就很可能是著了別人的道，實在太可惜了！

年輕時的我，太在意清白無辜，也太在意我心中的「關鍵人物」，所以當我認為的「重要他人」誤會我，一旦心生委屈，我就會有「不如離去」的念頭！後來發現，「重要他人」可能是因為誤信他人誣陷而誤會我，或「重要他人」只不過為了節省公司成本所以才刻意貶低我的努力及貢獻！這時，我所信任的「重要他人」已經站在「對立面」……這時候他說的話，值得相信嗎？

他的話也可能是為了達成某種結果而來的，例如降低營運成本，這其實很常見。即使員工對組織是充滿善意並努力付出，但公司也可能考量自身利益，當公司需要裁減人力，節省成本時，毫不顧及你的感受及過往付出的努力！這時候，若能理解每個人都有屬於他的立場，你就可以放下憤怒與痛苦，不再糾結於當下的情緒，反而應該立即「調整視角」，找到「對自己最有利」的方向去努力，看看能否拿回更多補償。

這才是最有意義與實質幫助的事情！

糾結於「你怎麼捨得我難過？」，你就輸了！

很多時候，你執著於「你怎麼捨得我難過？」其實這種心理狀態，是來自於你已經付出的「沉默成本」。

「沉默成本」何意？

其實指的就是你過往已經付出的成本。你過往已經付出的成本，包括時間、經力、勞力、心力及感情。這些過往的努力及付出，都會讓你對於某些事情執著而不肯放棄！而且，付出越多，你越捨不得離開！這不但會發生在私人感情上，對公司的付出也是如此。**當你沉溺於一件事情越久，付出越多，你越容易因為被獲得反饋而受傷害！**因為投入的「沉默成本」已經太高，為了想要讓事情往你要的方向走、你越有可能執著於此，可能會付出越來越多。

說白了，不能正視這件事情已經無可挽救，反而越陷越深，可能是因為太心疼自己已經付出的成本，產生的自我欺騙。但如果你冷靜下來，看清楚對方（或是舊東家）對你已經毫無價值了，這時，果斷離開認賠了事，反而對自己越好。

離開時，如果能「替自己爭取到最有價值的報償」，是「值得做」的事情。雖然那個過程，可能讓你悲傷難過，或許也因此承認了自己的視人不清，或是不夠聰明等等自己原本不能接受的自我形象，當夢醒時分，能「替自己爭取到最有價值的報償」，不失為一種「善待自己」的方式。

不夠成熟，下手就「不知輕重」

人在成長過程中，總是一直在學習如何面對外在挑戰！

「欺凌」到處都有，在人生的每一個階段都可能發生。以前的卡通影片、童話故事是給兒童看的。那些知名的兒童讀物，像是「哆啦A夢」中，就有欺負人的角色技安；白雪公主中也有壞心的後母。所以我想，可能從我們小時候在閱讀童話故事的當下，就已經開始在學習「怎樣抵禦外侮」。

進入校園中，「校園霸凌」時有所聞。我甚至發現，發生在校園中的霸凌手段，好像比大人的世界更加殘酷？

原因是甚麼？

其實，不夠成熟，下手就「不知輕重」。

職場的互相鬥爭，除了忌妒的心理因素，還是有「原因」或「目標」的，例如為了爭取稀有的「好職位」，或是獲取金錢、利益等，因為是「有目標」的競爭下所產生的手段，是為了達到目標的霸凌，這時若加害者順利得手，霸凌行為可能就會停止；此外，具備豐富「社會經驗」的成年人也會害怕若做過頭，可能會遭受反噬報復，故而會相對理性地適時收手！

而未成年人（校園）之間的爭鬥，就不一定有甚麼實質上，有價值的原因……，可能只是單純看對方不順眼或源於忌妒，他們也未必知道之後會產生何種後果！所以，未成年人欺侮他人時，下手反而不知輕重……也就是過激行為者反而變多。那些個子小、成績差、愛哭、不會反擊、沒有朋友的未成年人（學生），就比較可能是校園中被欺凌的受害者。

這樣看來，人們在成長過程中，一直在學習怎樣面對外在的挑戰的。被欺負的原因，很可能還是你看起來「比較弱」或「不懂反擊」。但即使如此依舊要注意：大多數時候，**挑戰與霸凌只是一線之隔，關鍵在於你自己！**

再者，職場上的「不順心」其實很多。如果把所有的「不順心」都視為「被欺負」，那也大可不必。甚至將所有的「不順心」擴大，把工作上遭遇到的「指導」或「責備」都當成是自己「被欺負」，那麼，你可以留下來的地方一定越來越少。

當你選擇變少，前途也就會受到侷限，最後還是會變得鬱悶又無計可施……

我要講的是，職場上「不如意的情況」跟遇到「職場霸凌」不一樣！有時你感到職場上氣氛緊張，或許只是周圍的環境不夠友善，或競爭壓力太大而已。環境不友善絕非霸凌，你依舊有機會為自己創造有利情勢。

吃瓜看戲去

挑戰與霸凌，通常只是一線之隔……

面對挑戰或罷凌時，關鍵多半就在於你自己！之所以被欺負，原因可能是你看起來「比較弱」或「不懂得反擊」。

Chapter 4

轉職心法面面觀

體現「價值」與「關係」—職場中高齡者依舊有春天

4.1

打擊、傷害天天有，體現價值較有利！

在職場上最該優先考慮的，就是「進步與收益」。
而所謂「職業收益」不只侷限於薪資報酬，
這份職業可預期的未來發展、乃至人際互動中的較好氣氛等
都算是收益的一部分。有收益就值得一試！

秋秋是公司稽核長，年屆五十歲了，苦於被老闆的女友（公司人事高管）排擠。其實，單身的秋秋已被排擠好幾年了，不過因為這家公司薪水高，秋秋所以一直忍耐著……但這回，秋秋感覺實在太過分了！所以她決定不忍了，決心離開已經耕耘快十年的工作。

快五十歲才要轉職，心裡難免徬徨，而且身旁的親友們都不贊成！很多人勸阻秋秋：「中高齡了……不要換工作啊！」但他覺得，工作跟年齡之間並無絕對的關係！

評估自己的能力之後，她跟我說，五十歲的大齡單身還在換工作，心裡難免徬徨！但她認為，當公司要找到一個經理？副總經理？總經理？這個職位肯定要有一定的年資才能勝任。孰不知，這個職

位是三十歲的人可以達到？四十歲？五十歲？

這可是不一定的喔！

「年齡」有時代表的是「職場資歷」，但能否達到這個職位的需求，就在這份「工作的內涵」裡。

而這份「工作的內涵」是什麼意思？我問她……

她回答我：「就是有沒有料？」秋秋冷靜評估自己，她覺得「自己有料」這時，她覺得五十歲換工作是OK的。

至於為什麼不忍了？

我問她：「都已經忍了那麼久，為什麼一下子氣不過了？」

秋秋回憶說道：「當初剛好有一個專案結束，我原本應該要回到原本的工作職責。可是當要回到原職時，老闆的女友（人事部高管）通知我，公司已經全面『人事凍結』！也就是說，我原來的助手離職，公司高層卻決定不補人了！」而那份工作，不是秋秋一個人可以完成的。所以當高管這樣通知她時，秋秋覺得自己根本就是被羞辱了。

考慮了一週，秋秋決定另外找工作。

秋秋說：「那時候是10月初，既然原來的公司說人事凍結，我就開始人力銀行找工作。」她認為，對中年轉職者而言，人力銀行並非最佳管道，透過獵人頭公司也是一個選項。所以在人力銀行上，她只主動投遞了三份履歷！

結果，有兩份有通知面試，而其中有一份工作，秋秋覺得很有自信拿下，因為該職缺上所列舉的必要條件，她完全符合。

星期天投了履歷，過了四天，就收到面試的通知……然後通過面試，被錄取了！過程其實蠻快的。

* * * * * * * *

秋秋分析自己五十歲成功轉職的經歷。

她覺得即使到了五十歲，「目標感」還是很重要的！分析她的轉職邏輯：首先是「**決定要做什麼職務**」若以她過去的資歷來看，她最適合「稽核」跟「經營管理分析」的部門主管。

第二個則是她考慮投身的「**產業**」！

她認為，傳統產業給員工的薪水激勵性不夠，但是科技業可能就會比較好。

再來是產品，如果公司產品比較好，未來的發展性也一定會更好，公司就會因此水漲船高，對員工來說，也會有比較高的投資報酬率。

那麼，履歷表的內容都是一樣的嗎？

秋秋表示自己只有丟三份履歷，其中兩份還是一樣的，而不一樣的那份其實只有不到一成的差別。

精準敲門，並爭取初次見面的機會，才有致勝把握！

秋秋表示自己在找工作的時候，一定要先給自己「見到第一次面的機會」，所以對於自己「非常喜歡的工作」，她會「根據該公司的職缺要求，稍作調整」，但是調整幅度不大！

主因在於，一是表現我自己的專長，然後其中有部分能調整成「針對該公司講話」的一個內容。

選擇比努力重要，明確表達自身優勢

秋秋表示，履歷表不用寫得太繁瑣，反正應徵的職位履歷表一定都是高階主管在看，所以重點是要把你的「能力、貢獻度」寫清楚，就像寫研究所的論文一樣，細節很多，但如何統合出結論最重要。所以我在重新改寫履歷表時，習慣將內容寫得精簡有重點，而且一目了然，然後在面試時，讓面試官從這些資料中清楚瞭解我。例如面試時，對方問我曾為之前的公司貢獻些甚麼？我就告訴他，第一家我貢獻在哪裡？第二家？第三家……我分別的貢獻在哪裡？

這樣一來，對方馬上被我引出了興趣！因為我只是講到了我的貢獻，而且我是用「條列式的方法」去條列出重點題目。

若面試官問我：「有沒有實際的例子？」我便可以這麼說……例如，我就以前公司的「改變所得稅的計算方法」跟對方解釋，對方若表達出「想知道細節」的興趣，我便可以跟他說，這是屬於我私人的 KNOW HOW！當然，我也不應該在面試時全部說出來，所以我會吊吊對方胃口，告訴他：「因為這個是屬於之前公司的機密，我不太方便舉例太細。但是我只能夠告訴你，確實有這樣一個替公司省稅的方式，而且是完全合法。」此外，例如包括我運用稽核的身分幫公司省了多少的成本？我用營運分析的方式幫公司創造了多少利潤？以及應用「數字量化的方式」很明確地讓公司知道可以如何做改善等等。

所以，對方當然會好奇不已……畢竟若這家公司沒有的東西，他當然也會想要從我這邊直接學走或模仿。

在職場上被排擠、傷害、受到攻擊乃是常見狀況，秋秋其實也忍了很久，這才痛下決心離開。但早就是職場老鳥的她，仍然認為「跳槽」的動力最好是針對「未來的職業收益」而來。

我很贊成！

在職場上，首先要考慮的是「進步與收益」。而且，所謂「職業收益」的內容不只是薪資報酬，薪資報酬當然很重要，但是職業可預期的發展、以及人際互動中的較好氣氛等都是收益的類型。

有收益就值得一試！

當然，轉換工作也會有阻力。

阻力就像是，對於未來職業發展的不確定性？（然而事實上，「不確定性」是隨時都存在的），或是面對不熟悉，需要適應的成本如何？（適應能力跟心理素質、精神體力等等都有關），甚至是建立新人際關係的成本？（人隨時都可能需要建立新關係，但年紀越大可能越來越難）。

就算是年屆半百想轉換跑道，還是要注意「行業趨勢」是否向上？該公司是否有「優秀的團隊」？是否擁有「企業品牌」等？所以，我不會建議大家「只為錢跳槽」、「只為排擠跳槽」。因為，即使是面對吸引人的高薪，你也要躲避高薪背後可能的各種風險，而排擠更是無所不在的。建議轉換時要先考慮該職位的「未來發展」，**不要為了「逃離討厭的舊工作」而離職！以職業發展為核心的跳槽，才有真正的價值及意義。**

離職也有「成本」，不可不慎

我前面一直提到「戰」或「逃」模式，孰不知，頻頻換工作也是有成本的！所以，做這個動作前要想清楚。一般來說，你還「在職」的時候找工作，條件比較好，所以故事中的秋秋，即使已被主管排擠，氣壞了，她還是耐心等到「新工作」落袋後才遞辭呈走人。而且，想要在職場轉換時有更大收益，**「前拉型」的離職一定比「後推式」的被動離職更有用**。「前拉型」的離職就是前面已有機會和目標；「後推式」就是不得不走，完全屬於被動離職的狀態。

若你屬於「前拉型」的離職，未來公司的老闆一般會認為「外來的和尚會念經」，所以給得更多。而內部的原因是，人力資源部門要設計「足以平衡對應不同職級、不同業績的加薪制度」，這是非常複雜的，難度很高。但若從公司外部找人，反而沒有這種顧慮。所以若你這位求職者「被認為」在新公司能實現更高的「職場價值」，新老闆就會認為，值得給你更高的薪水，請你來上班。而工作者產生轉職行為，其實是有成本（風險）的，這時，轉換工作的加薪升職，就是新公司評估後願意給你「轉換成本」的代價。

二〇一五年後，新技術、新模式快速崛起，疫情更加速了新技術的發展。而你原來累積的經驗和資源，可能正是新興領域需要的，這時候，你的能力就會被這些新興公司看重！你就可以透過跳槽，來到更有發展的地方發揮實力，薪資報酬自然可能水漲船高。

而一個人的跳槽，通常可以通過投履歷表到人力銀行、媒合會或公司內部推薦，甚至是獵人頭等方法來促成。

內部員工推薦，是屬於「社會資源」領域，其實許多企業非常愛用。因為，內部員工可以幫助人力資源經理「更快地瞭解候選人的優缺點」，大大降低求職者、公司的「溝通成本」和兩方的「試錯風險」。所以請不要羞於透過熟人找工作，這是屬於你的「人脈銀行」，透過社會資本，有機會向認識的職場人推銷自己的能力，須知工作機會往往就是「聊出來」的。

即使你目前沒有跳槽的打算，也應該半年或一年就更新一次自己的履歷表。時時累積、整理自己的工作經歷，這對提升自我職場價值的認知，大有幫助。如果有面試的機會，不妨大方接受邀請去談一談，順便了解外部的薪資水準。外面的面試機會不一定比現在好，但聊一聊是很好的！評估以後，去不去是另外一件事，之後再來考慮也無妨。所以，若你能持續保持某種「心理的彈性」，這對於累積你的職場身價，幫助很大。

吃瓜看戲去

後疫情時代須知：掌握轉職的「主控權」

如果你是一個先知先覺、不固執、不死忠的人，無論幾歲都可以掌握「主控權」，而非任人宰割。

4.2

左手行銷，右手業務——職場盟友何在？關係就是硬道理……

職場人脈是一種必須持續且深度經營的功課，
只要你還在上班，就可以一直延續下去……

本書第二章一開始就提到的綺綺，雖然在同一職場五年後，被主管從七職等降到三職等，這種侮辱傷害，讓她當時心裡非常受傷，也暫時失去了對人的信任！

不過，現在已經創業有成的她，提起往事，卻也感激自己曾有的經歷。

因為從行銷部轉到業務部，讓綺綺的業務能力因此培養起來，而用行銷力拿到業績，「左手行銷力、右手業務力」之下，綺綺對自己的行銷能力更有自信，這也奠定她日後創業的基礎。

不過除了以上的工作實力之外，職場上人脈也是非常重要的一環，我甚至想要這麼說，**人脈的重要性，絕對不亞於工作能力！**

在創業之前，綺綺一直認為，所謂的「人脈資源」就是企業內的人脈，因為就是要跟長官、同事們要有友好的關係，還有跟各部門的同事有好溝通，可以替自己的工作順利度加分。

可是沒有想到，綺綺出來創業之後，發現「原來，人脈不只是這樣喔！」

「創業後，我的第一個案子，是我以前在公司認識（別家飯店的總經理），她給我的第一個案子是知名的五星級飯店的代表作，是一個暑期的活動案哪！」

綺綺發覺，其實在職場上經營的人脈，除了你要對上把工作做好之外，其他人也在看其工作態度、工作能力。只要曾經做得好，即便離開原有的公司，之前認識的外部人士，還是很願意給機會！

綺綺強調，不只給機會，還會願意「體諒」我當時的情況……

「這時候人脈的效用，才開始……

一直到定案、然後做執行……才ok！」

她細細回想整件事情……而這也讓綺綺明白，「人脈原來是很深度的經營，可以一直延續下去。」

懂得「與人為善」，並且保持適當聯繫

綺綺創業後，第一位客戶A，是幾年前綺綺在一個日本料理餐廳認識的。那時候，A認識日本料理餐廳管理者，綺綺則是日本料理餐廳的行銷人員。後來綺綺離開了這間餐廳，然後A得到五星級飯店總經理的職位。

綺綺連續幾年在過年過節和A彼此問候，或是平常會互通有無一下。再來就是綺綺創業開始的時候，綺綺也拜託A總，如果有案子請他務必提拔一下。結果，只是開了個口，第一個案子就來了……

這間飯店，之前給大眾的印象就是溫泉酒店，所以只有冬天才會去想要泡湯，那麼，夏天客人不會想要去住宿溫泉酒店，所以這一位A總經理就找到了綺綺，她想要扭轉這個現實。

綺綺大膽地對A總提出「品牌轉型」的建議！

綺綺建議對方：「為什麼只有『冬天』才可以賣溫泉飯店？座落在陽明山這麼好的青山綠水，他其實是可以一個很好的親子渡假飯店，為什麼大家都要擠到宜蘭，而

不是到台北後花園的陽明山？」A總同意後，綺綺規劃了一個暑假的親子活動案，那這個活動案，結合當地的夜市，讓案子跳脫傳統思維。舉例說：到了夏天，那裡其實是一個很舒服的環境，而且有大草原小朋友可以在那裡玩，所以那一次的暑期活動叫「今夏酷涼0度C」案。

另外，飯店還有一個滑水道，是小朋友可以玩冷水的地方，所以，第一，以前是溫泉飯店，重新定義以後變成夏天可以玩冷水，而且夏天在山區，其實就會比較涼爽，綺綺完全針對這個特點，對小朋友講話……然後小朋友喜歡，大人就會喜歡帶小朋友去，定了這個案子之後，綺綺專門為這個溫泉飯店，規劃了一個親子旅遊行程。

她設計了一個「旅遊兒童護照」，在護照裡，兒童可以當小農夫，因為那個地方很漂亮，可以去種菜，拔草、澆水就像小農夫；兒童可以當小畫家（就是到戶外寫生），或是，兒童可以當天文學家（晚上看星星）……因為陽明山看星星很棒…（也就是，小客人變身小小天文學家、小農夫跟小畫家，大人一定很開心！）然後，綺綺在禮拜六的時候，設計了一個草地音樂會，大家可以使用飯店準備的野餐墊、野餐籃，然後到草地音樂會，這樣可以在草地上做親子家庭日，讓親子們擁有一個很快樂很豐富的周六下午。

A總，這位原本只是在前公司因緣際會認識的朋友，因為在相遇的當下看到綺綺的工作能力及盡責的態度，直到後來，更因綺綺持續保持聯繫，結果，她的第一個案子就是這麼來的！

初創業就旗開得勝，這件事奠定了綺綺之後持續成功的基礎。

而因為第一個案子做得好，綺綺和A總的人脈關係，變得更加穩固。

近日，A總又到了新產業擔任了總經理職務，仍將案子外包給綺綺，當然，綺綺也提出了不辜負眾望的企劃案，讓疫情期間的業務，逆轉勝。

其他的例子當然也很多。

因為「人脈」就是逐漸累積來的。

綺綺自認就是「與人為善」的人，並且懂得保持適當聯繫，讓自己的職場能見度一直存在著，而「與人為善」是有價值的！職場上，對於「對的人」我願意多「站在對方的立場想事情」，提出雙贏策略，我過去這樣做，也因此得到很好的回報。

職場的人際關係屬於公領域，和私領域的家庭關係角度可說是大相逕庭，所以我對於有些企業說「我們是個大家庭」的論調，不以為然。

在職場上要有好的人際關係，要營造「互利共生」的關係，才是好關係。而我跟綺綺的友情，就始於相遇於花蓮知名飯店的水族館。那時我正在寫一篇介紹花蓮的文章，而她負責接待我……

我們彼此間的友情，同樣一直持續到現在！

少年人講情懷，成年人講利益

水世界的啟示很多，而且往往是一針見血的！

水族館裡常見的小丑魚（就是卡通裡的尼莫），體型小且顏色鮮艷，加上沒甚麼保護自己的武器，但依舊在海洋裡活蹦亂跳地游來游去。

小丑魚原名「海葵魚」，弱小又鮮豔的外型，其實是大型魚類的「常備菜」，但為何小丑魚還是可以這麼悠遊自在，顯然有其生存之道。事實上，小丑魚的生存之道就是經常在「海葵的觸手」中穿梭。當小丑魚受到其他生物的威脅時，便會立刻躲進海葵不斷擺動的觸手中！海葵的觸手有毒，毒液就會隨著刺絲進入來犯者的體內使其癱瘓，然後，來犯者（大的魚）就會成為海葵腹中之物。但是「小丑魚」因為習慣穿梭於海葵，所以有別於其他魚類，小丑魚的皮膚對海葵的毒液因而免疫……。

只是，一旦超出海葵觸手可及的範圍，小丑魚就會失去防衛能力。

也就是說，海葵就是小丑魚很硬的「保鏢」。

那反觀小丑魚又是如何回饋「私人保鏢」海葵？

鮮艷又弱小的小丑魚，因為弱小，於是吸引了較大的魚類的追趕捕食，於是，牠可以誤導其他魚類進入海葵觸手可及的區域……。

小丑魚等於在替海葵進貢食物！

小丑魚的鮮豔（招搖）和弱小……在水世界中原本是弱點，卻對海葵非常有價值，換句話說，海葵也替小丑魚提供完美保護。

這種互利共生，讓關係更緊密！

再回到職場議題來看，想提升自己的人脈關係，讓它可以幫助你，讓自己有被利用的價值（價值包括能力、創意、執行力等等）；讓自己的價值被看見（對人展現）；

和職場友人發展共生關係（共生關係讓雙方一起成長，共同獲益）。

回想自己的過往，我的價值被「對的人看見」，也對我的職場發展貢獻良多。例如，我在第一家人力銀行的企劃工作，是來自於我鄰居的介紹。熱心的她，幫我寄出了履歷表；後面求職網副總的高薪挖腳的工作，是我在前一份人力銀行的工作「能力被看見」後，主動找上我的新機會。又例如，上市公司旅行社品牌總監一職，是那位老闆看到我跟另一位作家在誠品的對談，因此對我印象深刻！半年後，那位老闆對我提出工作邀約（能力被看見後，產生合作互利……）！記得我曾經擔任有關太空科技的策展人，因此和我超級喜歡的五月天偶像也因此有了工作上的互動，而這份工作，是我當年請某位老同事寫工作推薦信時，他立即提供給我的工作機會；再例如我做廣播影音平台製作人、主持人，這位老闆也曾是我人力銀行的客戶……（能力被看見後，產生的新機會……）

仔細想，原來我中年以後的工作，多半是透過人脈而來的！

中年後，好工作多半都不是通過正式的求職管道獲得，而是靠「認識的人」提供機會，這個現象在我閱讀期刊論文時方才知道。然而社會學家格蘭・諾維特早有發現。根據他的研究：在找工作的過程中，「認識但不熟的朋友」起了巨大作用，他的研究中顯示：超過半數的人不是靠官方徵才的廣告獲得工作，而是靠「認識但不熟的朋友」（這種人脈關係，格蘭諾維特稱為「弱關係」）得到的工作機會。在格蘭・諾維特看來，**「社會關係」才是找工作的重點！**他認為：「人是社會的組成要素，但社會並不是由孤立的個人組成，而是由互相聯繫的個人組成。」在很多情況下，資源都是通過社會網絡進行分配，「工作機會」當然是資源。1

此外，社會學家鄭路老師曾說：「人們也會因為一些『偶然因素』得到很好的工作機會。這裡的人脈關係，『並非』裙帶關係或是家族關係……。」對照我個人中年以後的經驗，這些年的我跨足好多領域，包括人力銀行、旅遊、策展、機能布料、時尚行業，這多半是來自於認識我，多數跟我短暫接觸過卻對我有好印象的人。也就是說，我有這麼多元的機會，都是透過「弱關係」的影響而來！因為一些「偶然因素」得到的弱關係，為我帶來了新的工作機會。

講到這裡，我的感觸是，在找工作這件事兒上，「運氣」還是很重要的關鍵成分啊！

所謂的「運氣」，格蘭•諾維特也有想法！他認為，「運氣」其實就是「弱關係」的力量。這些社會關係並非一個人主動選擇或長期維持的關係，而是在不經意間建立的（運氣）。但就是這些關係，恰好在適當的時機，適當的地方，適當地幫了大忙。

格蘭•諾維特認為，「弱關係」能夠幫助人們接觸新事物並找到合適的工作，這是為什麼？原因在於，相較於緊密的人際關係，「弱關係」的廣度更大（觸及點越多），差異性高（跳脫同溫層），流動性強（資訊傳遞快）。

我曾有好幾份工作都不是刻意找的，而是因為獲得合適的訊息後意外找到的。而這個時候，「弱關係」就成了訊息的重要來源，它的隨機性強且廣度更大。而在傳遞工作訊息時，提供訊息的弱關係人脈，或多或少仍會為被推薦的人，講上幾句好話的……

1馬克．格蘭諾維特（Mark Granovetter），美國社會學家，因為對社會網絡和經濟社會學的研究而聞名。其最著名的理論就是在1974年提出的「弱關係」學說：強調與自己頻繁接觸的親朋好友之間是一種「強連接」，通過這種連接獲取到的往往是同質性的信息；但社會上更為廣泛的是一種並不深入的人際關係，這種弱關係能夠使個體獲得通過強關係無法獲取到的信息，從而在工作和事業上、在信息的擴散上，興起決定性的作用。

吃瓜看戲去

提升人脈關係的好處

1. 讓自己有被利用的價值，包括能力、創意、執行力等。
2. 讓自己的價值被看見（對人展現）。
3. 和職場友人發展共生關係，讓雙方一起成長，共同獲益。

4.3

忠誠定義需改寫，彈性身段不可少

職場是一個「變動」的環境，不會只有一種硬道理……
聽取多方意見後再「思辨」進而「決策」，結局肯定會更好！

從二〇二〇年初開始蔓延的新冠病毒疫情，讓很多公司倒閉，很多人因此失業！如果你在一個組織穩穩地做了十幾二十年，此刻一定非常驚慌！

但二〇二一年過了，也有人拿到高達四十個月的年終獎金！由此可見職場是一個「變動」的環境，不會只有一種硬道理……

上一輩的職場人還有終身雇用的期待，以前在同一職場中死守著叫做「忠誠度」，我現在叫這種行為是「死板」或是「等著被裁員」。

我自己也曾經很死板，所以我真的不是在罵人！

我工作了二十多年，經歷了數百場的職場講座，卻依舊記得發生金融海嘯時，我在台北市政府演講廳的一場公益講座，期間遇到的一位高學歷工程師，含著眼淚對我說過的話：

「我四十二歲，台大畢業又留美常春藤名校念資管研究所，在美國工作多年也有大陸工作經驗，但美國的職場沒有辜負我，大陸的職場沒有辜負我、沒想到竟然是在台灣的知名企業首次遇到裁員……我現在四十幾歲了，我該怎麼辦？」

他哭了！

很多優秀的工作者在學生時代就是贏家，職業生涯沿路都很順利，但此刻完全沒想到會因為外界環境的巨變，遭遇如此巨大的職場伏擊！

警覺企業「即將出大事」的跡象

寫到這裡，我必須講，後疫情時代及機器人逐漸取代許多人類工作後，這種因為大環境造成的失業情形只會愈來愈多！因為環境造成人與人之間的爭鬥，肯定在所難免。所以你是無法不留意外在環境的警訊，並以強健的心理素質、靈活的職場身段來應對惡劣的環境！

除了前面談到的職場競爭、政治因素之外，在此我要提醒大家必須警覺一件事，那就是關注企業「即將出大事」的跡象。

公司是否已經發生狀況？

如果有，很可能是「即將裁員」的訊號。

這時候，希望「忠誠度如我過去一般高」的你，別再拘泥於心痛或悔恨的情緒裡，希望你「趕緊掌握工作的主動權」，讓自己擁有更多選擇。如果你在公司裡已觀察到以下情況，請你務必要持續觀察並事先做好準備：

1.公司的「新進員工數量或質量」下降，高層主管砍掉某些編制的員額……。

2.部門業績不如從前？（可能是大環境不好，也可能是產品出現厲害的競爭者）

3.有人離職遇缺不補，你必須「兼做更多工作」。

4.有些工作已被機器取代（工作消失了！）

5.公司取消三節獎金或既定福利。

6.細瑣的行政制度變多？（比如報銷的規定，變得很謹慎）。

7.人事考勤更加嚴格？

8.公司的大客戶流失？

9.市場上關於公司負面訊息變多。像二〇二一年某航空公司忽然宣告倒閉，其實負面消息早就甚囂塵上！（但是據它們的人力資源說：當天才接到裁員消息，這怎麼可能？）

一旦出現兩到三個以上的訊號，就是你要「留意」，準備對策的時機。

如果公司已經準備倒了，你一定需要轉職，你可以是先看看市場上有哪些機會？或跟信得過的人？或是獵才顧問釋放想換工作的訊號！

如果市場上有機會，也可以去談談看。不要等到開始裁員了，這才手忙腳亂地連履歷表怎麼寫都不知道……

我有一位非常要好的朋友是上市公司的財務經理，她在這間公司將近十年，工作很愉快，但到後期原本股價很高的公司，因為老闆的誠信出了問題，公司從高峰到下市前的負面消息傳了兩三年。但公司的員工就是被過去的光環壟罩，加上福利很好，所以即使覺得怪怪的也就能拖就拖，大家都不想離職。

我這個朋友是在開始有傳聞時準備跳槽，也是歷經一番周折後才找到另一家科技公司的財務經理職缺，這家新公司雖未上市，但給的薪水及重用並不比之前的差。而那些拖到最後才走的同事，可就沒有這麼好運了！因為公司走下坡，自己的身價跟著下跌，而且最後一波走的員工因為同質性高，競爭對手變多，跳槽變得相對艱難！

我剛剛講的財務經理朋友，是從大公司到小公司，因為她跳槽的時機比其他同事好，所以即使她當時已經四十五歲，但是還是帶著原本上市公司的行業地位縱身一躍，到比較小的公司工作，但職位及薪水卻都往上跳。

畢竟雖然離開原本的舒適區，但這也是她無悔的決定。

吃瓜看戲去

機器人搶工作，勢在必行！

疫情後的職場變化，除了大環境愈發惡劣，數位時代的來臨也讓機器人開始與人類搶工作……。

這種因為大環境造成的失業，只會愈來愈多！你必須更加留心外在環境的訊號，並以強健的心理素質、甚至靈活的職場身段因應惡劣的環境，才能確保永遠是贏家！

4.4

空自愁悶無價值？健身娛樂很可以！

就像是玩遊戲打怪一樣，你得一關一關地過，
而這就是現實的職場人生百態。

二〇一五年，有一部非常好看的職場韓劇「未生」，當時還被職場雜誌做為封面故事來深入報導。這齣戲以大企業「實習生」張克萊的視角來看職場種種挑戰，對於職場現象有相當尖銳的描述，深深打動觀眾的心！

我推薦想要在職場好好發展的你，看看這齣韓劇。

劇中，從實習生的第一輪競爭「面試」開始，就清楚描繪進入好公司的「入場券」從來就不容易拿到。然後，描繪實習生、菜鳥們被分發到不同環境（是隨機、不能預期的職場賽道），於是必須面對各自的艱難挑戰。

其中描繪「學歷歧視」、「性別歧視」等等讓新人不知所措的情節，但有時候讓人無力的僅僅是

「旁人沒空理你」的「職場忽視」而已。從菜鳥開始的戒慎恐懼，直到開始熟悉職場百態，進化到面對到困難、侮辱傷害時磨練出適應能力，本劇同時談到了中階、高階主管的激烈競爭狀態，以及一般人無法觸及、詭譎的職場政治……

就像是玩遊戲打怪一樣，你得一關一關地過，而這就是現實的職場人生百態。

最後，能力非常強的吳次長，以及付出百分之百努力的新人張克萊，歷經種種挑戰並且獲得成長，但仍因為大環境「不得不離開」組織，必須換個地方打掉重練，這時他們沒時間難過……

他們的奮鬥軌跡，深具啟發性。

記得「未生」播出時，當時有一篇《聯合報》的新聞，內容是「全球景氣好轉，企業求才增加，就業市場仍傳出大量裁員消息……反映出近年企業大量裁員的狀況愈加嚴重……」

隨著科技進步、企業間的競爭與殘酷的淘汰，組織為了降低成本往往有重整的必要性，這是大環境使然。若你的公司打算整併、裁員，並不一定是發生於「虧損企業」，可能是「所有經營者」因應「成本的管控手段」。所以不管公司原本的口號如何？它都不保證可以帶給你一個不變動的環境。

在這種趨勢之下，上班族想要「從一而終」愈發困難。隨時讓自己「保持彈性的心態」及擁有「較多的能力及資源」，是對抗這個多變世道的手段。

「未生」劇中的主角吳次長本身的「不政治」性格，讓他不可避免地成為企業鬥爭中的犧牲對象，關於這一點，他早有心理準備，但是有三個孩子要養的他，不到最後也不輕言放棄喜愛的工作。當最後仍然被公司無情犧牲時，我看到他以過去長期培養出的專業素養、高超的工作技能及特殊專長（語言優勢），加上過去工作中建立的人脈（無論是潛在的幫手及信任他的客戶），加上能屈能伸的身段及樂觀心態，讓他得以避免被職場淘汰。

我覺得，這才是職場中人「由負轉正」的真正軌跡。

而「未生」這齣電視劇的劇情，更提醒了我要跟大家說明的幾件要事：

1. 時時留意產業趨勢，抓緊並跟上，才不容易被甩開。

2. 面對挑戰時就當作在練功。

3. 特殊專長會成為亮點，語言優勢（能溝通）往往是職場利器。

4. 人脈也是硬實力。

5. 保持彈性身段、能屈能伸。

最後劇中有提及，當你已經「不知如何是好」的時候？

「那，就鍛鍊身體吧！」男主角的圍棋師傅教傳授的精髓是，當你不知如何是好時，那就潛心「鍛鍊身體」吧！因為你所需要的「精力」，是必須要以「體力」包覆的……

避免淪為犧牲品，職場就是「修煉場」

二〇二一年，我再度看到另一部非常推薦的職場劇「直到瘋狂」，有別於「未生」是職場新手的視角，這齣戲劇是以中年人視角出發的犀利職場韓劇。

「直到瘋狂」中的主角崔磐石是個資深工程師，在同一個大企業工作了二十三年。雖然已經是中年工程師，他對工作仍有使命感、責任感和保有學習心，對企業也相當忠誠！其實這非常難得，兢兢業業的他，完全不是一般「中年油膩」職場人。雖然已經那麼優秀了，又具備忠誠度，但是企業卻也未必容得下他。

他無法觸及的集團老闆，一心想把崔磐石所屬的「昌仁事業部」高價賣出給其他公司，且老闆的意志是透過人力資源部秘密進行的。這個集團老闆一方面給予事業部中心主任龐大的「績效達成」壓力；另一方面，又要人力資源部大量裁員以減少公司成本……

一方面績效要求須要讓員工焚膏繼晷的工作；另一方面，人資的任務是「找個理由」把員工低成本裁減以降低公司成本。兩個目標根本是背離的，但員工卻不會知道老闆真正的意圖。這時，即使公司的一貫的口號是「公司是員工的大家庭，最重視顧客」，但實情是「公司說和做的，兩者完全相反。」

裁員的標準未必是員工績效不好，有可能只是因為這個人比較貴。

劇中，許多人性的自私自利，就在這時一一浮現出來……

它所暴露出的職場真相是：一心要把昌仁事業部打包賣掉的老闆（他的無情批評指責，都只是表面的理由）；而三明治族的人力資源主管，其任務就是必須達成的裁員人數目標（她也不喜歡這個無理的裁員目標，但是必須達成）；一心想保住自己，無道德底線，只想侵占部屬功勞的中級主管（男主角之一，一心往上爬達成「屬於自己的職場目標」）；還有，加班一整夜的工程師，第二天就在公告欄上看到自己被裁員的消息……

就是因為這些事情在現實中都是會發生的，於是，就像宮鬥劇所描述，原本沒經驗的小白進入了殘酷的鬥爭場，面對殘酷的鬥爭霸凌及競爭，漸漸也「必須變成」擁有心機的職場人。

我工作二十年，想想每次陷入嚴酷的職場泥淖時，我都覺得「職場根本就是修羅場」！

但想通、克服困難後，就會覺得職場其實正是一個「修煉場」。

看了好劇又反思自己的種種經歷，我認為要避免自己成為職場犧牲品，你必須：

1.遇到殘酷的淘汰戰時，要看懂局勢，決定戰或逃？而這都是判斷後的結果。

2.實力永遠是職場生存的硬道理，包括工作能力，人脈關係等。

3.心理素質需要鍛鍊。

4.保持彈性身段，永遠給自己其它選擇機會。

特別是碰到被欺凌的惡劣環境時，我認為不是馬上去選擇「靠邊站」（去當個大魔王的跟班或打手），而是需要一直壯大自己的實力，尤其是壯大自己的「心理素質」。一邊在面臨挑戰時，壯大自身的心理素質，淬鍊他人不可忽視的工作實力。還有，隨著經驗累積，漸漸會懂得分析局勢，並保有彈性身段，選擇對自己有利的出路……

這就是我寫這本書的目的。

「懂得分析局勢，並保有彈性身段」並非油氣和狡猾，而是經由磨練，獲得一種作決策的智慧。

職場挑戰不會讓你白白受苦，它的發生永遠都有意義。

吃瓜看戲去

那就鍛鍊身體吧！

走到最後，若你還是不知如何是好？那麼我建議你不妨「鍛鍊身體」吧！正所謂「勿恃敵之不來，恃吾有以待之」，我覺得這仍然是很好的建議。

或是，選擇一部深具啟發性的職場劇來追追，慢慢體會其中深意，這也很有幫助喔。

4.5

能力、人脈、心理素質，力量維度點線面！

在職場上到底是做「事」重要，還是做「人」重要？
其實，這根本就是一個偽命題！因為答案是：
兩者都很重要，沒有誰輕誰重！

「做事能力」是你在職場的生存基礎，是一種底層邏輯；「做人」好或是「社會關係」好，才能把事情做得更好……所以「人際關係」能力也是一種「做事能力」。而且，**在職場上待越久，人脈關係的價值越高！**

從我自己的經驗及體會來說，我認為處理「人際關係」比「把事做好」更難。因為每個人都有自己的性格、利益考量和價值觀，討好「所有人」是完全不可能的，而即使事情做好，也會有人忌妒。畢竟人的時間精力有限，不可能去跟所有人建立同樣的關係與友好程度，也不可能一直去管理他人瑣碎的情緒感受。

所以究竟要怎麼辦？

在有限的精力下，我覺得，**對人必須有「差別**

待遇」。

我覺得，不管在生活、或是職場中遇到的人，不要用同一套方法對待，那是因為時間和精力有限！而且人心複雜，當你一視同仁、公平對待所有人時，同樣會遭致許多不滿！而經歷過許多事，也體會過各種人性、左思右想以後，我認為：

1. 遇到實力比我強者，我「以禮相待」！禮貌會讓我有機會向他學習，況且禮貌只是習慣，成本低，效果好！

2. 遇到實力較弱者，若有機會又不會太吃力，我願意「友善協助」且不求回報。

3. 碰到實力相當的人，會以偶然的互動去用心觀察、感受此人是否值得長期交往？若感覺不錯，不妨找機會活絡感情（例如年節時的問候，定期聚餐交流……）

4. 一旦發現，身邊有壞習慣、壞心眼、不學好的人，請默默退散，減少接觸！

先講一下，遇到那些比自己身份高、實力強的，禮貌對待絕對沒有錯，但是「身份高、實力強的人」到底可以給予自身多少幫助？

我建議，關於這種期待，實在不需要太高！因為你是否留意到，身分越高的人，多半會越「謹慎」地使用資源；他們可能態度親切，但在使用資源時，卻也不會對每個人一樣好。你可以觀察一下，你身邊那些「有權有勢」的親友，他們不但在「使用關係」上更謹慎，他們同時也可能有不好跟其他人說的「難處」……通常位置越高的人，周邊環境可能越寒冷！

他的難處，你並不知道！

最重要的是，他們也「沒必要」一定得把資源給你，不是嗎？

所以，關鍵是你在平日就要保持「好形象」，這或許只是基於你對他們的尊重及禮貌，凡事想太多可能失望會越大。如果他們喜歡你，對你印象不錯，你在「關鍵時刻」向他們求助，他們就有可能在「可以的範圍」內幫你一把。

我在本書的前幾章講了很多「老鳥欺侮新人」的故事。我想，只要我們夠用心、努力，總有一天，我們都會變強！這時候，如果遇到「比自己弱」的一方（他們常常是年輕人、或職場新手）；這時候，身為職場前輩的你，還是可以表現善意，不要擺出一副倚老賣老的姿態，因為倚老賣老真的很討人厭。

等職場新人漸漸累積實力，若保持友好關係，未來也會產生的「職場價值」。

你終究會發現，中年以後一些職場工作機會、和職場盟友關係，竟然就是這樣長期累積來的。我認識許多有實力的前輩，我觀察到他們通常願意幫助年輕人，透過幫助他們推薦實習、介紹工作的機會；幫它們寫推薦信，在「不吃力」且「力所能及」下，扶持年輕有潛力的人。**當對方漸漸變強，未來就可能是有價值的人脈；和「實力相當」的成員相處，可以互換的資源、消息比較多**。

例如我在書中一再舉出的例子─綺綺，她在創業後，透過參加「商務社團」，投資三年的時間精神去尋找「實力相當」的成員，透過辦活動來交流互動，當大家相熟也了解彼此的實力與性格，那就更好談合作。當然，若遇到有壞習慣、壞心腸的人，奉勸大家還是「少接觸」為妙，即使你曾為他投注資源，與其互動時要格外小心這種投注只是難以回收的「沉默成本」！

不要因為捨不得「沉默成本」，就一直騙自己下去……若越陷越深，到最後一定血本無歸……

有不良嗜好，例如貪財、好色、貪杯、好賭的人，或是工作習慣不好，習慣推卸責任、將功諉過、經常陷害他人者，即使他們是你的髮小、親友或已認識一段時間的人，我再此奉勸你，還是少接觸為妙！只要接觸一陣子，你觀察到了這個人的問題，就要小心一點，保持安全距離！

「求助」行不行？

最後，我想談談在職場上，有關「求助」這件事！

如果，你發現「可以幫助你的對象」，也可以勇敢嘗試！

你可以禮貌地問：「我想要做什麼，您看看，能怎麼幫我嗎？」

以前經常有人問我「找工作」的事情。當我有精力、時間時，若我當時又是做「人力銀行」行業，「找工作」的事情跟我的「工作績效」相關時，我很願意多花一點時間幫助我覺得值得的人！

我也曾經幫很多人牽線，結善緣。

很多人會不好意思開口，害怕麻煩別人，那可能就錯過機會。而「可以提供幫助的一方」，坦白說，的確也是「未必有能力做到」或「未必有意願做！」這時候，提出需求的人可以有禮貌地敞開說出自己的想法，但也要認真聽取對方的意見！若對方無法幫你，也要體諒對方的難處。

通常把「對方」和「自己」放在一個「共同利益目標」的前提去談論，必較容易成功。而被求助的一方請先別打官腔（這讓人很討厭，因為就算幫助別人，對方心裡也可能會討厭你），表達自己的能力所及之處，這是必須投注心力的；而求助的一方要保持自己的分寸，千萬不要認為「對方理所當然要幫你。」

以禮相求、站在共同的利益目標上……比較容易成功！

用了別人，也要表達感謝！不要過河拆橋……

從綺綺創業後的故事中，我覺得她真是工作能力好的人際高手！所以我相信她的事業一定可以繼續下去！就像是一個人的工作能力、人脈關係、心理素質等三方面，就好比是他個人「力量維度」的點、線、面！

只有一個維度，最多走到 100；但可以做到兩個維度時、就可以 100×100=10,000，若有幸做到三個維度，那就可以達成 100×100×100=1,000,000！

如果還有穩健的心理素質和健康狀態，就可以繼續放大你的舞台……

只執著於某一個點或單一路線，甚至是只維持某一個維度的經營，這是完全不夠的！你必須有拿手的部分，那是自己的核心價值，也是舒適圈……。核心價值以外的維度經營可能比較吃力，但也是不可以完全放棄的！

我覺得，能夠早一點理解到工作能力、人脈關係、心理素質這三者同等重要的道理，並且越早開始有意識地鍛鍊，讓自己的舒適圈放大，這樣，你的職場發展將會越來越輕鬆，效果越好！

吃瓜看戲去

核心價值的彰顯……

一個人的工作能力、人脈關係、心理素質，這就是他個人「力量維度」的點、線、面！試著放大這個圈圈，你會越來越好。

要敢撕，才能活：升職調薪不是夢，職場魯蛇發達啦 / 邱文仁作 . -- 初版 . –
臺北市 : 時報文化出版企業股份有限公司 , 2022.03
232 面 ; 14.8*21 公分
ISBN 978-957-13-9943-0 (平裝)
1.CST: 職場成功法 2.CST: 人際關係
494.35　　111000195

ISBN 978-957-13-9943-0
Printed in Taiwan

觀成長41

要敢撕，才能活：升職調薪不是夢，職場魯蛇發達啦

作者 邱文仁
視覺設計 徐思文
主編 林憶純
行銷企劃 謝儀方
第五編輯部總監 梁芳春
董事長 趙政岷
出版者 時報文化出版企業股份有限公司
108019 台北市和平西路三段 240 號 7 樓
發行專線—（02）2306-6842
讀者服務專線—0800-231-705、（02）2304-7103
讀者服務傳真—（02）2304-6858
郵撥—19344724 時報文化出版公司
信箱—10899 臺北華江橋郵局第 99 信箱
時報悅讀網 www.readingtimes.com.tw
電子郵箱 yoho@readingtimes.com.tw
法律顧問 理律法律事務所 陳長文律師、李念祖律師

印刷 勁達印刷有限公司
初版一刷 2022 年 3 月 25 日
定價 新台幣 350 元
（缺頁或破損的書，請寄回更換）

時報文化出版公司成立於 1975 年，並於 1999 年股票上櫃公開發行，於 2008 年脫離中時集團非屬旺中，以「尊重智慧與創意的文化事業」為信念。